U0073619

銷傲江湖

神級業務導師教你打通任督二脈的成交勝經

世界華人八大明師／「超越巔峯」首席教練 林裕峯——著

本書教你破除銷售阻礙的武功招式，TOP SALES不能錯過的練功祕笈。

創造出一套你自己的銷售不敗招式！

看完裕峯的著作，深感榮幸能為其寫推薦序。這麼一本淺顯易懂又實用的好書，以武俠風格取代傳統談論銷售書籍的敘述方式，令人耳目一新，是一本實用型的業務教戰新手冊，相信會引起大眾的廣泛注意。

會拿起這本書的朋友們，也許多半都是在業績表現上感到力不從心的業務員們，既然你拿起了書，就請相信「銷售」這件事是可以經由訓練來改善的。銷售能力，當然是業務員極被重視與放大的價值，說是「生存技能」也不為過。

如今，人與人之間、人與社會之間的關係不得不密切，人們彼此接觸的機會隨著時代的發展而增加，也因為如此，業務員的表達、社交與銷售能力才顯得更為重要。若業務員不能與時俱進，忽視自己的短處，明明知道自己在銷售上存在著某些問題，卻聽之任之，那麼，在業績結果上、甚至人生路途上不斷吃虧的，終究還是自己。

如果你想知道自己的問題出在哪裡？銷售術語該怎麼修正？又該怎麼討客戶歡心？那就非得「模仿卓越」不可。因為模仿是一種人類最原始的學習本能，大腦的學習能力是透過不斷地模仿他人、事物，藉由不斷地重複與修改，才能達到「習成」的階段。

如何「模仿卓越」？最重要的就是要用「已經證明有效」的成功方法！裕峯不吝惜地公開自己的銷售心法，讀者們必然能夠透過本書，習得裕峯的銷售祕訣！學習卓越者所做的事情，瞭解卓越者的思考模式，並運用在自己身上，經由修正調整，就能以自己的風格創造出一套你自己的銷售不敗招式！

裕峯撰寫這本《銷傲江湖》的目的，除了以最簡單的說明、最實用的角度帶領讀者朋友們修正自己，一一破除成交之前的各種阻礙。我想最重要的，還是在於帶領讀者「放對心態」、「找對方法」的積極作用。

本人於此，誠心將此書推薦給有心於世的人們，盼喜愛閱讀、對自己有所期待、與始終找不到正確方法解決困境的業務朋友們，可以藉由此書幫助你找到破除銷售各種瓶頸的最佳答案！

全球八大名師亞洲首席 

經歷痛苦是過程，是堅持生命意義的開始

不知道是不是真的因為有努力做一點點好事。

今年，一連串的驚喜接著來，最重要的驚喜就是認識了暢銷書作者林裕峯執行長。裕峯是一位具影響力、也熱愛做公益回饋社會的人，他的親切、帥氣、擁有愛於一身是我對他的第一眼印象。裕峯能夠成為世界華人八大名師之一，可謂當之無愧，我特別要向「超越巔峯」團隊的裕峯執行長及成員致謝，由於他們全心支持「夢想起飛」公益雜誌，使身為會長的我能夠看到善的力量。

看《銷傲江湖》這本具洞察力的書的確引人注目，一定是經過許多的淬鍊，才能寫出如此多樣化的人性風貌，字裡行間豐富的情感，發人省思，更令人深深著迷！如同一個清楚的路標，指引著讀者往前邁進，豐富的人生體驗，可貴的生命教育，聖經箴言4：23 所說：「你要保守你心，勝過保守一切，因為一生的果效是由心發出」與書名《銷傲江湖》可說是相輔相成。

心裡想，這個年代，我們需要的就是這些具有業務能力的高手，他們能放下自尊，與內在的自己面對面，真心袒露自己的脆弱，打開心與他人交會，全心支撐自己的夢想，進而翻轉人生。

幾乎所有的老闆都是業務出身，某些技術出身的老闆也都會找一位業務出身的資深管理者來當CEO，原因其實不難理解，有句話說「你賺得的一百元裡，有70%以上是別人幫你賺得的。」在各行各業，你只要掌握到「人」，你自然就掌握到利潤的機會，業務就是這樣的角色。

這本書需要用心的讀者才能消化吸收，但我相信，凡願意如此做的讀者必能大大提升業務技巧。這些文章讓我體驗截然不同的生命歷程，當我回頭思索自己的道路時，我擁有了在這個無限可能的世界裡繼續探索的勇氣。當越來越多人擁有愛的能力，台灣一定會更幸福，祝福各位讀者一切平安。

夢想起飛公益關懷協會會長 **李雅各**

用誠意交朋友，一直都很重要！

「愛」與「關懷」一直是裕峯常常掛在嘴邊的座右銘，記得和裕峯到教會去指導溝通技巧與數位電台匯流概念的時候，就能體會他為什麼可以在「成交」上的心得如此突出，「成交」——用誠意交朋友，一直都很重要！

和裕峯的交流當中，發現「成交」只是找到對的態度與方法，然後努力執行的結果，如果只是為了成交而成交，想必就和「七傷拳」一樣，傷人必傷己。我們要和裕峯一樣，做到「商人必商己」——做自己能接受的事情，然後做好，如此必能在本書中，踏著各種裕峯的武林絕學、獨門新法——銷傲江湖！

廣播金鐘獎得主 **安達**

千萬不要讓你的競爭對手先看這本書！

首先感謝裕峯老師給予我為這本新書寫推薦序的機會，讓我有幸先睹為快。

認識裕峯老師超過五年的時間，多年來的互動和長期的觀察，可以深刻感受到裕峯老師對成功的渴望，對目標的堅持，以及對學習的狂熱。有句話說：「成功絕非偶然」，在裕峯老師身上能驗證這句話。

雖然我本身在4U人際教育學院從事教育訓練的工作，又寫了一本暢銷書《業務九把刀》，但我還是很欣賞和佩服裕峯老師的業務能力，可以用四個字來形容——深不可測。所以當我拿到這本新書稿件時，便迫不及待想吸收書中的日月精華。

業務方面的書籍，坊間很多，我會強力推薦這本書有三大原因：

一、架構完整：一位超級業務員不能只有技巧，也不能光靠態度，而這本書分成「業務內功篇」和「業務外功篇」，如果能夠實際運用本書內容，內外兼修，天下無敵。

二、實用實效：想要倍增業績只有兩種方法，一種是自己花大量時間，不斷地碰壁摸索，一種是直接用已被證明有效的方法，你喜歡哪一種呢？本書內容無論是業務心法還是成交技巧，很多都是我實際用過有效的，直接拿來實際運用就對了！

三、作者正派：說真的，作者本身的人品和待人處事對我來說很重要，所以我不是隨便亂推薦的。

總之，難得一見的好書，強力推薦給大家，一定可以助您打通任督二脈，讓您溝通無礙，把人脈變錢脈。

暢銷書作者 **林哲安**

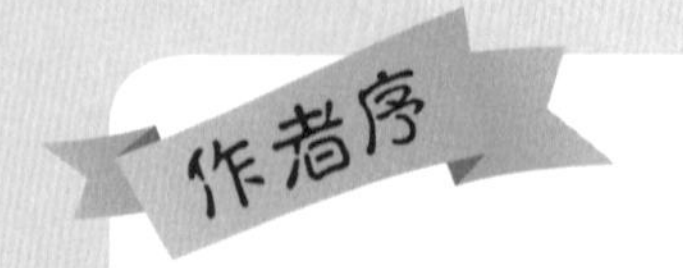

練功，人人都需要練功

我個人一直覺得每個職涯人，就好像一個個英雄好漢或巾幗不讓鬚眉的娘子軍，從學校畢業後就浪跡江湖來到職場的五湖四海。各行各業就像不同的幫派，有人上少林、有人進武當、有人峨嵋派、有人崑崙派。或許也有人是丐幫、有人在海沙幫。無論進入哪個領域，都有可能少年出英雄，或者歷經滄桑後練就一身絕世武功。

而對我來說，所謂武功蓋世，就是能夠在職場上發揮功力，成就高收入高成就的人。不論是成為業績王，或者升上公司最高主管，乃至於創業有成。當年那個初出茅廬的年輕人，終於成為在職場上發光發熱的英雄英雌。

這一切就像練功，勤練者，能夠攀上巔峰，偷懶者，原地踏步。

我認為這社會需要各式各樣的技能，但在眾多技能之中，可以做為技能之最的，絕對是「業務」。各行各業都需要業務，在行銷業務單位負責公司業績拓展的人，稱做業務；在非業務部門工作的人，每天要推展自己的工作，推展自己這個人，又何嘗不是業務呢？

本書結合業務與武功的概念，一方面讓讀者在閱讀時有種趣味性，一方面也因為要提升業務實力，真的就像練功一樣，必須讓自己學會十八般武藝，日求精進，才能發展有成。而回饋給你的，就是讓你成為高收入一族。

本書的撰寫，感謝王擎天老師、路守治老師，以及好友蔡明憲、安達的鼓勵。他們在我寫書的過程中，也提出各種寶貴建議，在此致上衷心感謝。

我更要感謝的是我內人郭儀汝，她是永遠支持我的支柱。

人家說每個成功男人背後都有一個重要的女人，我不敢說我是成功者，但我親愛的妻子在我奮鬥過程中，給予我許多無法取代的溫暖以及打氣。

還有絕不會忘了感謝的是，我那最可愛的女兒，她的誕生讓我的世界變得更加不一樣。讓我更加覺得責任重大，要為這個社會、這個家，做出更大的貢獻。

當然，我還要感謝各位親愛的讀者，您們的支持，是我重要的心靈支柱。

也歡迎您們一起加入華山論劍業務大俠的行列。

亮劍吧！英雄英雌們！讓我們一起朝成功邁進。

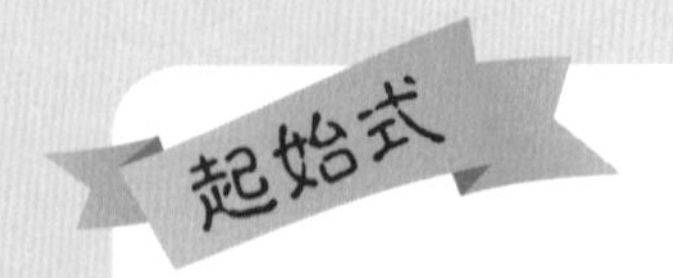

人人都可以成為業績大俠

賺錢，困難嗎？

其實，賺錢並不困難，困難的是如何有效率地賺錢。

有的人一天工作十多個小時，累到要爆肝，家庭、健康及生活品質都犧牲掉，只換得勉強的溫飽。有的人卻可以月入七位數字以上，不但可以帶給家人更幸福的日子，行有餘力還可以投入慈善幫助人。

努力很重要，有效率的努力更重要。

就好比如說，習武難嗎？ 其實人人都可以習武。

只不過大部分人練就的只是三腳貓的功夫，只有少數人可以成就絕世神功。

喜歡金庸武俠小說的人都知道，那些成就非凡，武功蓋世的英雄豪傑，並不是個個都是武學奇才，而是透過各種祕訣才能成就武功巔峰。

為國為民，俠之大者，郭靖先生是個魯鈍的漢子，他連一個招式都要花比別人多幾倍的時間才學得會。

滄海一聲笑，豪邁不羈的令狐沖在學會獨孤九劍前，根本只是個處處挨打的大病貓。

以六脈神劍和凌波微步讓壞人恨得牙癢癢的段譽，本來只是個文弱書生，一點武功都不會的富家少爺。

更有那小和尚虛竹先生，碰到事情只一味地低頭阿彌陀佛，在戰場上連個配角都不算。但一朝獲得星宿派掌門的七十年功力，一夕之間成為絕頂高手。

成功的關鍵是什麼？

本書不是教你走偏門、等奇遇。但只要懂得抓住關鍵竅門，人人都可已從平凡的上班族C咖，躍升為業務大明星。

在筆者的第一本書《成交就是那麼簡單》，曾經分享許多實用的業務心法與具體實作的範例。

在本書，筆者則以教導讀者成就一個頂尖業務高手為目標。

依據筆者的經驗，以及結合這三十年來受教於各行業業務大師教導的心得。筆者本身也是從內向帶點自閉的職場弱雞，逐步邁入業務巔峰，不但成就多項業績冠軍紀錄，也受邀為全國各行各業的行銷團隊演講及建立業務新氣象。

在《笑傲江湖》裡有個人人耳熟能詳的超級武功祕笈，叫做「葵花寶典」，書中的名言就是「欲練神功，引刀自宮」

各位讀者們今天不必那麼辛苦，只要照著本書分享的心法和業務招式勤練，你一樣也可以成為東方不敗。

準備好打通你的任督二脈了嗎？

下一個華山論劍業務英雄就是你。

Contents

推薦序

全球八大名師亞洲首席／王擎天 002

夢想起飛公益關懷協會會長／李雅各 003

廣播金鐘獎得主／安達 004

暢銷書《業務九把刀》作者／林哲安 005

作者序 006

第1部 業務內功篇——氣貫丹田，金剛護體

第一招 易筋經 打造一個成功者的體質 014

第二招 碧海潮生曲 時時勉勵自己正面積極 026

第三招 玉女心經 從心做起，成功一定做得到 038

第四招 乾坤大挪移 顛覆自己的弱勢，增強成功體質 050

第五招 獨孤九劍 無招勝有招，自立自強最高招 060

第六招 雙手互搏 手腦並用，持續加強實力 070

第七招 金剛不壞體 永遠不被打倒，做個最堅強的人 082

第八招 吸星大法 學習正面力量，舉一反三更強壯 092

第九招 **千里傳音** 用好名聲打造長遠的行銷力 104

第十招 **太極拳** 以靜制動，無往不利的業務高手 116

第2部 業務外功篇——縱橫江湖，我武維揚

第一招 **大力金剛指** 展現業務硬功夫，銷售才是王道 130

第二招 **打狗棒法** 打蛇隨棍上的成交術 140

第三招 **斗轉星移** 以彼之道，還諸彼身，基本業務應對術 150

第四招 **黯然銷魂掌** 讓客戶化被動為主動的三大法則 162

第五招 **化骨綿掌** 吃軟不吃硬的成交法 172

第六招 **凌波微步** 好的溝通讓業務員成交更輕鬆 186

第七招 **九陰白骨爪** 讓業務員成交的三大心理法則 196

第八招 **龍爪擒拿手** 黏住客戶，業績擒拿到手 206

第九招 **降龍十八掌** 展現業務功夫，成交才是王道 218

第十招 **葵花寶典** 神功大成，你就是東方不敗 234

附　錄 華山論劍：歡迎各路大俠登場 252

第1部

業務內功篇

氣貫丹田，金剛護體

第一招　**易筋經**　打造一個成功者的體質

第二招　**碧海潮生曲**　時時勉勵自己正面積極

第三招　**玉女心經**　從心做起，成功一定做得到

第四招　**乾坤大挪移**　顛覆自己的弱勢，增強成功體質

第五招　**獨孤九劍**　無招勝有招，自立自強最高招

第六招　**雙手互搏**　手腦並用，持續加強實力

第七招　**金剛不壞體**　永遠不被打倒，做個最堅強的人

第八招　**吸星大法**　學習正面力量，舉一反三更強壯

第九招　**千里傳音**　用好名聲打造長遠的行銷力

第十招　**太極拳**　以靜制動，無往不利的業務高手

易筋經

打造一個成功者的體質

武俠小說透過虛實相映，創造出許多武俠招式，豐富了人們的想像世界。

在金庸著作中有許多功夫是真有其名的，例如：「太極拳」、「羅漢陣」，而有些則是將真實經典化為武學，最知名的就是將原本道家作為呼吸導引術的「易筋經」，描繪為達摩所著之上乘內功，在《笑傲江湖》裡還因此治癒令狐沖的內傷。其實在其他武俠大師的著作中也都有這門功夫。

無論如何，「易筋經」是一種深厚的內功心法，如同武俠小說中，頂尖的武功高手們都必先修行內功，才能內外兼備，最終成為名留於世的武林大俠。

而現代人不論是在業務行銷或者各種職場領域，要想讓自己成就一番事業，也必先將自己「從內而外」整個改造。

你不可能走在錯誤的方向上，卻冀求順利到達目的地，即使你硬要說「地球是圓的，總會走到」，等到過盡千山萬水，終於成功，然而此時的年紀也已七老八十，有何意義？

當原本的做法是錯誤的，那麼再怎麼努力一千遍、一萬遍，也一樣是錯誤的。這就像是你在車子的油箱裡不斷地加水，卻希望車子能夠發動一樣，是完全不切實際的。

許多人總是羨慕別人的成功，羨慕別人的車子跑得快，自己的車子卻老是停在原點。

若想要自己也加入成功者的行列，就得先改變體質，讓自己從「停滯不前」的人生，轉變為「全速前進」的人生。

價值觀的衝突，是你前進的絆腳石

我所認識所有能成就一番事業的成功人士，無論是企業家、富翁、還是具有廣大影響力的一代宗師，他們所成就事業的根本都不是與生俱來的，而是經過了一番內心的改造，轉變成為成功者的體質，才能在此基礎上發揚光大。

所謂的「內心改造」是成功的一大關鍵工程，指的就是「調整你的價值觀」。

思考一下，是什麼造就了你現在的人生？你若仔細想想，就會明白，是「價值觀」造就了你現在的人生。

每個人嘴上喊著要追求成功，但實際上每天影響自己所做所為的，卻是自己的另一種價值觀。

大部分的人的價值觀都是追求舒適享樂，想要過輕鬆的生活。所以，當你想要打拼時，內心就會有個聲音叫你「休息一下」，就算知道只要多打幾通電話，就可能成交一個客戶，你內心的聲音還是會要你「明天再說」。到了明天，又會出現明天新的藉口，讓事情一拖再拖，然而這正是我們自身價值觀的設定，讓我們會以「舒適」、「輕鬆」、「懶散」作為第一優先。

就像是開車時，車上的導航器會優先指引你往休息的路走，因為要「成功」太辛苦了，即便你很想成功，但真正去做卻是另外一回事。

讀者看到這裡，不要覺得氣餒，或者覺得自己很差勁，因為想偷懶或貪玩是人的天性。如果一個孩子沒有經過後天教育的輔導修正，從小就在家中安逸地長大，那麼他所展現的天性就可能是好逸惡勞，吃飽睡、睡醒玩、玩累又繼續睡，這樣過一生。

好在，人類的另一種天性是「追求向上的提升」。就算是一個出生於富裕之家，一輩子不愁吃穿的公子哥兒，若天天放蕩也會生厭、也會不快樂。因為人的心中還是有一種追求更高境界的原始想望，只是多數人的「想」是一回事，「去做」又是一回事。

讓我們探究一下，人為什麼會不成功？為什麼會不快樂？

其實，原因就在於「價值觀的牴觸」。

有錢的公子哥兒，即使心裡想要達到什麼成就，但是因為長久累積下來的習慣難以改變，還是過著每天吃喝玩樂，荒廢心靈，得過且過的日子。直到哪一天突然體悟了，願意追求改變，他的人生才能有所突破。

如你我一樣平凡的現代人，經常覺得不快樂，也是因為種種價值觀的衝突所致。

一個上班族的日子過得不快樂，是因為他羨慕那些有錢人過著富裕的生活，自己卻是每個月煩惱繳完貸款之後，身上的錢所剩無幾。他的心裡明明想要追求財富，但是每天的所做所為卻仍然依循著原本的工作模式不曾改變，所以他一輩子都無法快樂。

一個家庭也是一樣，若夫妻兩人的價值觀不同，妻子覺得家庭最重要，丈夫覺得拚經濟才重要，那麼長此以往，兩人一定會產生衝突，不是離婚，就是有一方一輩子不快樂。除非雙方願意坐下來，好好談談如何調整雙方的價值觀。

其實一直以來，「知道」如何成功都不是問題。市面上探討如何成功的書汗牛充棟，許多成功企業家也都不吝於分享他們成功的訣竅。只是多數人經常書讀是讀了，還是做不到。那不是因為自己的能力太差，而是一個人被自己的價值觀所掌控。

不調整價值觀，你就會一直原地踏步。

一般人在價值觀上會出現的兩種錯誤思維，如下：

一、前進的力量與後退的力量互相拉鋸

為什麼許多投入業務工作的人無法獲得成功？因為他們一方面內心想要追求成功，一方面卻又害怕被拒絕，這兩件事是衝突的。就好像你渴望徜徉在泳池裡，卻又害怕踏入水裡，因為你總是會聯想到被水嗆到、溺水這一類負面的事。

仔細想想，在日常生活中，你是不是經常出現這樣的心理拉鋸？例如：

你想要賺更多錢，卻又不想犧牲睡眠、玩樂的時間；

你想要追求心儀的女孩，卻又害怕和她相處，因為你沒有足夠的自信；

你想要對公司提出改良的建議，卻又害怕找老闆表達自己的意見；

還有，最普遍的狀況是，你想要月入百萬元，但是卻連打一通電話都會害怕被客戶拒絕。

上述每一種心理拉鋸的結果，通常就是「再等等」。於是，多數人就這樣「等掉了」一輩子。

二、下錯定義，因此帶來不快樂

有的人想追求成功，也願意突破自己的「舒適圈」（comfort zone）去挑戰新境界，但是他們還是覺得不快樂，為什麼？問題就在，他們對成功下錯了定義。

相對於上述內心想法經常自相拉鋸的人，這類型的人雖然比較積極進取，但是其人生大部分的時間還是過得痛苦的。

舉例來說，有些人的成功定義是：每個月收入要達到百萬元。但是在下定義的同時，他卻沒有提出具體的可行方式。

可以想見，他永遠不會快樂，因為他沒有循序漸進地從十萬元、二十萬元開始逐步建立、並達成更高的目標金額，而是直接定義了：成功就是月入百萬元！實際上，他可能一輩子都很難達成月入百萬元，於是，他一輩子都覺得不快樂。

一個每天都不快樂的人，他會越來越難成功，因為他下錯了定義，他「想成功」的這件事，永遠都和「痛苦」連結在一起。天天如此，他怎麼會再有想成功的動力呢？因為越成功，他就越痛苦啊！

改變價值觀，等於改變人生

如上述，當一個正面的思維卻和痛苦的感覺連結在一起時，就會讓人無法再繼續前進。

請你思考一下，

你在感到快樂時，比較願意投入一件事？

還是在感到痛苦時，比較願意投入一件事？

其實，兩者都有可能讓你願意投入一件事，前者我們稱為「快樂驅動的力量」，後者則是「逃避痛苦的力量」。

我們的一生如何前進，都被這兩股力量所左右著。

人的一生不是追求快樂，就是逃離痛苦。

人們會追求金錢、享樂的生活、美麗的風景，或者提升心靈的喜樂，這些都是「追求快樂」。許多人會因為受到這些快樂願景的誘導，而願意努力工作。

在一間公司裡，老闆說業績第一名的人能得到百萬名車的獎賞，這也是運用追求快樂的力量。

人們會逃避各種痛苦，害怕飢餓、寒冷、死亡。為了逃離痛苦，許多人努力工作，害怕如果失業了，他就可能面臨這些痛苦。就像在一間公司，老闆明示或暗示了：業績差的人在下一季會被辭退，那麼業務員們也只得拼命打電話拉生意。

可以說，每個人做任何的抉擇都與這兩種力量有關。

再舉個例子，假設我手裡端著一個盤子，盤子上放了兩三隻蟑螂，這些蟑螂都已經烤過，看起來比較沒那麼噁心，但是我相信還是沒人敢吃。

在教室裡，我端出這盤烤蟑螂問學員：「有誰願意吃掉這盤烤蟑螂？我願意給你一萬元！」

沒有學員舉手，每個人都露出嫌惡的眼光。

於是，我加碼獎金：「敢吃掉這盤烤蟑螂的人，我就給他十萬元！」

一片沈寂，還是沒有人願意。

我繼續加碼：「五十萬元、一百萬元、一千萬元……」

你可以預見，一旦飆到了某個金額，一定會有人開始動搖。例如，金額破千萬元時，大家的眼神就會開始猶疑，等到我喊出：「敢吃掉這盤烤蟑螂的人，我就給他一億元！」的時候，就開始有人舉手了。喊到十億元，甚至有許多人要搶著吃了。

原因在於，此時：

「得到十億元的快樂」已經大於「吃烤蟑螂的痛苦」了。

到了這種時候，人們甚至會開始找可以吃蟑螂的理由安慰、說服自己，例如：「這世界上本來就有各種千奇百怪的食物，中國北方不是就有一道菜是烤蝗蟲嗎？」、「在非洲，吃烤甲蟲也是很普通的事啊！」、「反正我就閉著眼睛，配白開水吞下去就好，我這一生若有十億元在手，我和家人就不愁吃穿了！」

因此我說，快樂和痛苦都不是絕對的，都是可以調整的，一定有個突破點存在。當正面報酬達到了某個臨界點，相對地，我們就變得願意忍受那些痛苦。

同理，一個業務員為何業績不好？因為他不敢打開發客戶的電話。

因為「被客戶冷漠拒絕的痛苦」大於「他想成為百萬富翁的願望」。

說明白點，就是這個業務員「並沒有他自己以為的那麼想賺錢」，否則他就不會痛苦於自己的承受度那麼低了。

而一般人的痛苦承受度甚至更低，他們的心中明明渴望當個千萬富翁，卻輕易地被其他痛苦所打敗。

業務員為何業績不好？因為他們對於被客戶拒絕的恐懼，比渴望賺錢的心願還強烈；因為他們害怕不能賴床、不能享受被窩的舒適，強烈過於出門賺大錢的渴望。

一旦出現重大經濟困境，例如下個月繳不出房租等，此時才會為了逃避痛苦而拼命賺錢。

如果一個人想成功的動力總是來自於「逃避痛苦」，那麼即便後來成功了，過程也會非常不快樂。如果可以因為「追求快樂」而成功，人生是比較幸福的。

這裡的重點就在於：改變定義。

也就是說，你必須避免將痛苦的可承受度設定得過低，別定義在「被客戶拒絕，就是痛苦」，你可以將定義改為「被一萬名客戶拒絕，才是痛苦」，那麼打客戶開發電話就不會是一件痛苦的事。你也就不會因為每天逃避痛苦，而更加厭惡打開發電話。

同理，你必須避免將快樂目標及成功目標設定得過高，高到不切實際，如此你就能產生追求成功的動力。例如，如果一個房仲老闆規定：根據每個月的業績，房仲佣金的目標要達到一億元，業務員才能領薪水。那麼因為目標太高了，高到完全不可能達到，所以你可能寧願放棄這個工作，另謀高就。然而，如果老闆將佣金的目標改為一千萬元，雖然還是有點難度，但是有可能達成，於是你就會比較願意拚拚看。

我時常和學員分享——「價值觀影響著你的一生」。成功是種想望，而推動的力量就是「追求快樂」與「逃避痛苦」。而所謂快樂與痛苦，都來自於你自己的定義。如果不調整成正確的定義，有些人終身不會成功，而有些人雖成功，但過程卻充滿了痛苦。

要知道，「成功」經常只是一瞬間，而過程卻伴你長久。

舉例來說，當一個人獲頒了全國業績冠軍的獎盃時，他的快樂，就是站上舞臺的那一刻。之後呢？他可能偶爾在想起那一刻時，會快樂一下子，而他最快樂的時候，就是上臺接受頒獎的那一個瞬間。但是，可能他得到快樂的背後代價，是妻離子散，是天天愁眉苦臉，除了漂亮的業績，生活乏善可陳。這樣的成功者，並不值得效仿。

我所認識的許多成功者都是事業有成，具有千萬、億萬身價，但也關心家人、關心社會。他們的成功來自於正確的定義。

他們所定義的痛苦，不會是被客戶拒絕、不會是一大早起床、不會是接受客戶嚴格的質問等等。這些一般人以為的痛苦，他們卻認為只是業務過程當中理所當然的狀況，完全不以為意。

他們所定義的成功，是這個月的業績比上個月要進步、每個月都要比上個月更進步，他們所定義的成功，也包含了讓父母、妻兒過著幸福、富裕的人生，讓自己能給予社會多一點貢獻。

若不能符合上述的定義，就算月入數百萬元，家庭關係卻不和睦，那就不是圓滿的成功。想想，

你的成功定義，是什麼呢？
你的失敗定義，是什麼呢？
你的快樂定義，是什麼呢？
你的痛苦定義，是什麼呢？

這些定義的不同，會造就你完全不同的人生。

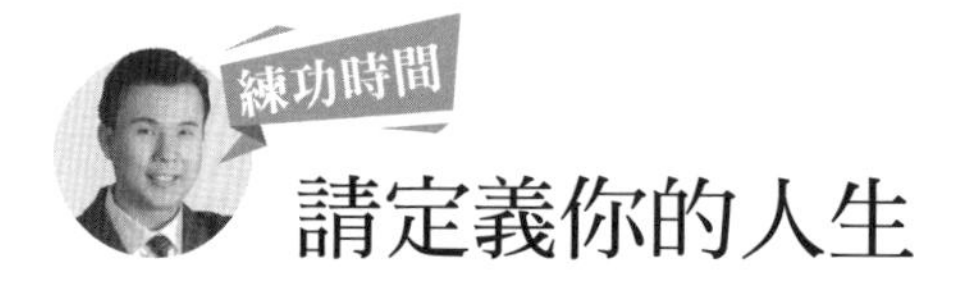

請定義你的人生

在閱讀下一個章節之前，我希望你和我一起來練功，做功課。

我相信唯有先定義好自己，才能追求更高的境界，這是成功的基礎課題。當做好這些功課之後，對於後續內容的理解，你就更可以事半功倍。

請你回答：

Q 對你來說，什麼才是成功？

Q 你對人生的成功定義是什麼？

Q 將成功定義，細分成「年成功定義」。例如：六十歲前、五十歲前、四十歲前、三十歲前……你分別想要什麼樣的成功？

三十歲前，

四十歲前，

五十歲前，

六十歲前，

Q 你的失敗定義，又是什麼？

（例如，被客戶拒絕了一萬次，是失敗；被客戶放鴿子了一萬次，是失敗……請將失敗的定義難度提高，能幫助你堅持到底。因為有太多人將失敗定義得太容易，例如：被拒絕一次，就表示業務工作做不好，失敗了，容易讓自己放棄。所以請仔細想想，你的失敗定義是什麼？）

Q 你對快樂的定義是什麼？

（例如，品嚐美食、成為富翁、照顧家人、生活物質無缺等等。假設品嚐美食是你的快樂來源，就繼續思考，「美食」可以讓你獲得什麼樣的感受？要找出你的終極快樂源頭。請用心且仔細地想想，不要人云亦云，因為那是別人的快樂定義，不是你的快樂定義。）

碧海潮生曲

時時勉勵自己正面積極

武功，不一定就要刀光劍影，拳打腳踢。最厲害的內功，單靠內力傳送的聲音，就可以殺人於無形。

在《射鵰英雄傳》裡的東邪黃藥師，就是這樣的頂尖高手，單靠聲音就可以制敵。

黃藥師的一門絕技，就是「碧海潮生曲」，其簫聲有如海潮變幻，以上層內力惑人心志、亂其內息。他曾用這門功夫對付老頑童周伯通，更與歐陽峰的鐵箏、洪七公的嘯聲相抗。

而對於朝業務高手之路邁進的你來說，你要用內功打敗的第一個敵人，不是別人，正是你自己。要打敗那一個消極、自卑、得過且過的自己，你才能重獲新生，邁向業務高峰。

你是否有過這樣的經驗？

在聽了一場令人血脈賁張，鬥志昂揚的演說之後，你當下覺得熱血澎湃，很想要有一番轟轟烈烈的作為，然而，這個熱度卻只延續了一晚。第二天，你所有的熱情都船過水無痕，你又恢復成原本那一個得過且過，一切等「明天再說」的平凡人。

為什麼會這樣呢？

這是因為有一個一輩子跟隨你的「影子」，「他」時時刻刻都在拉你回到現實，不論你有多少夢想，他都有辦法讓你相信「這是不可能的」。

或許你會生氣，自己的影子為什麼要這樣扯自己後腿呢？

請不要怪罪他，他之所以會這樣子，也是你培養出來的。

當你從小就開始灌輸自己——「我做不到」、「這件事太難了」、「下次吧」等等的消極觀念，久而久之，你的影子，也就是你的「潛意識」，就成為一個負面的人。

「種瓜得瓜，種豆得豆」，過去你種下的負面因子，現在就長成了負面思維。

改變我的人生、刺激我上進的三件事

所幸，思維是可以改變的。

你一定要改變思維，才能改變習慣。
改變習慣，才能改變命運。

今天開始，你可以重新培養自己的正面力量。

以我來說，我也曾經是個內向、自卑、與成功無緣的失敗主義者，如果現在我再遇到以前的朋友，他們一定會對現在的我感到驚訝，因為現在的我和從前的我，是完全判若兩人。

那麼，我是如何改變自己的呢？

如前述所說，我先改變了我的思維，我的命運也才得以改變。

過去的我，身邊總有一個潑冷水的影子，「他」阻撓我改變、阻撓我進步。如今這個影子已經被我重新「調教」，轉變成為一個時時鼓勵我的朋友。

我如何改變的呢？有三件事情影響我甚鉅：

第一件事：第一任女友帶給我的刺激

第一任女友，她是我在求學時代的交往對象，她大我三歲，當時很照顧我，但是後來我們終究沒在一起。記得那時分手之前，她說過一句很直接的話，她對我說：「你這一輩子就是這麼小孩子氣，像你這樣的人肯定沒辦法成功。」

於是，我衝著一個念頭——我要「做給她看」，這燃起了我胸中想要打拼的鬥志火焰。

第二件事：勵志港劇帶給我的激勵

青年時期的我經常鬱鬱寡歡，碰到挫折就愁眉不展，雖然有心想要改變，卻又經常感到力不從心。

在那樣青澀的年代，一部港劇《創世紀》帶給了我莫大的影響，男主角羅嘉良在劇中飾演男主角葉榮添，故事內容敘述：葉榮添本是一個平凡人，但是他胸懷大志、有抱負，想要有一番作為。他不斷地奮鬥，終於從一個小咖業務員，最後成為上市企業的大老闆。

這部港劇在當時大大激勵了我，全系列的影片我看了至少超過十遍，劇中的情節始終深植我心。

第三件事：父親生前對我的期望

我是一個平凡家庭出身的平凡人，我的父親也不是什麼名人，但是他勤儉踏實地將我撫養長大，是我一輩子的恩人。

父親一生勞苦，一年，不幸重病住院，我陪伴在他身邊，不捨他受苦。

我永遠記得，當時他在忠孝醫院的病床上戴著氧氣筒，說著：「很想去貓空玩」，可是我卻已經永遠無法實現他的心願。

那一天，我痛徹心扉，我告訴自己：這一輩子，永遠不要再讓身邊的人難過。

我發誓要努力上進，珍惜身邊所愛的朋友，帶給他們幸福。

這三段經歷，徹底地扭轉了我的人生。

至今，我的皮夾裡仍放著父親的照片。每當我遭遇到挫折，感到沮喪、失意時，就會翻開皮夾，靜靜地看著父親的照片，他的笑容總能提醒我當初許下的誓言——我這一生，永遠不要再讓自己找藉口墮落，我一定要讓自己變得更好。我就是要成功，沒有任何理由退縮。

從那一年到現在，我的心志從來不曾動搖或改變。我也從一個內向、畏縮的膽小青年，蛻變成為一個冠軍級業務導師。

尋找刺激潛意識的力量

當然，每個人都有自己的人生故事，我的遭遇只屬於我自己的，不是每個人都會發生和我一樣的事件。

因此，我要帶領你建立起屬於你自己的「刺激」。

就像黃藥師的「碧海潮生曲」，那樣的刺激必須深入內心，從根本來振奮起你的心志。這種狀態並不是看幾本勵志書籍，或是聽朋友幾句的加油打氣，就可以獲得的。

要成大事，就必須要有非常手段，何況是改變思維的關鍵大事，你一定得花點心思。

在此，需要你先建立起一個基本觀念，那就是——每個人擁有不同功能的左腦、右腦。

左腦：屬於理性腦，掌管邏輯、運算、思考方面的理性思維。

右腦：屬於感性腦，掌管情感詮釋、心念方面的感性思維。

如果我們能夠強化右腦的力量，不要一切都讓現實的左腦左一句：「不可能！」、右一句：「沒機會！」阻擋你的改變，就可以有效提升你的正面能量。而這種提升，也就是潛意識的提升。

潛意識的提升，需要經過長久累積下來的磨練，如果抱持著三天捕魚，兩天曬網的心態去做，是無法成功鍛鍊出堅強心志的。

那麼，建議的作法是什麼呢？以我來說，我勤於閱讀各種提升內在心法的書，同時主動尋找可以改變自己的課程，聽取正向發展專業的專家建議。

我真的看了很多成功學的書籍，也上了許多成功學的課程。這幾年來，我投資自己的大腦價值超過兩百萬元以上的資訊。

經常吸收正面訊息，可以讓自己的潛意識更加正向。

或許有人會說，我沒有那麼多的預算去上課，而且，也沒時間安排這麼多的課程，有沒有其他方法可以加強我的潛意識、我的心志？

當然有，在此提供幾個可以常態鍛鍊潛意識的簡單方法，如下：

一、音樂激勵法

你可能聽過，有一種音樂稱為「潛意識音樂」。

然而，不必特別尋找什麼特殊潛能開發的音樂，只要是可以讓你振奮的音樂，不論是流行歌曲還是古典音樂，都可以幫助到你自己。

音樂可以貫穿你的潛意識，影響你的所作所為。

我看過很多人在難過的時候，好比如說，與男女朋友分手時，會藉酒澆愁，唱一些「我毋醉、我毋醉、毋醉」那一類的歌曲，或者是「心太軟」、「新不了情」等歌詞優美，意境哀傷的歌曲。

結果通常是讓自己陷入了更大的低潮。

歌曲本身沒錯，但是既然人類是容易受到外界環境影響的生物，特別是「心」是人類的罩門，就算是一個力大無窮的壯漢，也會因為聽到悲傷的歌曲而軟化心志，變得沮喪、失落。

音樂的力量如此大，如果我們將這樣的力量運用在正面勵志上，一定能發揮莫大的效果。

當我去參加世界潛能激勵大師安東尼．羅賓（Anthony Robbins）老師的課時，整場活動一定放送令人情緒激昂的歌曲。因為大師們都明白——音樂有魔力，可以帶動情緒能量。

平常在工作場合，多聆聽些歌曲，如：「向前走」、「洛基」這樣的歌曲，可以讓自己充滿朝氣，時時處在戰鬥狀態。

當我在帶領團隊時，也不會忘記透過音樂的魔力來點燃戰鬥力。此外，我的手機鈴聲以及平常製作PPT的背景音樂，也一定採用正向、可以振奮精神的音樂來激勵自己。

時時讓自己透過音樂充電，便永遠不會有被打敗的感覺。

尋找提升激勵能量的歌曲

Q 請試著尋找對你來說能提升激勵能量百分百的歌曲，至少三首：

二、照片激勵法

除了音樂之外，你還可以利用照片的力量來自我激勵。

就如同我的皮夾裡始終放著父親的照片，因為他的照片對我來說，具有非常特殊的意義。

那麼，什麼樣的照片可以帶給你正面的刺激呢？

我的建議是，你可以經常閱讀《今周刊》、《商業週刊》、以及各種談論名人傳記的刊物。重點在於這類型的刊物會收錄許多成功人物的故事，以及成功人物的專業經驗分享。在這些人的故事當中，一定會有可以帶給你震撼或激勵的地方，將這樣的故事和照片剪下來放在皮夾裡，可以時時提醒自己，將這樣的人物故事作為典範。

我自己則是有蒐集成功者照片的習慣。

例如，我有周星馳接受媒體專訪的照片，在那張照片裡，他站在一個階梯旁，展現了從階梯上走下來的大師氣度。而照片背後的故事是，周星馳貴為一個演藝圈天王與億萬富翁，卻為了追求完美，而重拍了那張照片

二十一次。當時記者原本說：「星爺，你隨便擺個POSE就好。」但是周星馳要做，就會做到極致，這就是他做事的態度。

蔡依林是亞洲天后，也是億萬富翁。在成功的背後，她也付出許多不為人知的努力。當年她在還未成為巨星之前，也曾經被毒舌評審諷刺為「臺灣十大爛歌星」，最後她用成就證明了自己的實力，並且每場表演活動都挑戰自己的新極限。

蔡依林的舞臺表現總是力求推陳出新，例如，她曾經說要表演鞍馬，經紀人勸導她放棄這個想法，因為如果失敗的話，輕則毀了演唱會，重則可能造成全身骨折，甚至喪命。但是蔡依林相信自己可以做得到，最終也真的完成了她心中完美的演出。

類似這樣的照片與故事若能帶給你感動，就請你將照片剪下來存放，時時刻刻激勵自己要和目標對象一樣努力。

看到照片時，就告訴自己：他們也曾是平凡人，他們都可以做到，那我也可以。

尋找激勵自己的典範

「股神」巴菲特（Warren Edward Buffett）曾說：「告訴我你的偶像是誰，我就知道你大概是什麼樣的人」。

Q 現在，請你找尋並列出你生命中的學習典範：

……………………………………………………

……………………………………………………

……………………………………………………

（請你找尋你的學習典範，並將其成功事蹟及相關照片置換到手機或電腦的桌面，也可以列印出來，貼在房間牆上。）

Q 列出兩位有傑出成就的名人，作為你的學習榜樣，並寫出他們的故事和個人成功特質。接著想一想，如果你是他／她，若要幫助你達成目標，他們會給你哪些建議？可以讓你朝向成功者邁進。

名人一：

他的成功故事概要：

他給你的成功建議：

名人二：

他的成功故事概要：

……………………………………………………

……………………………………………………

……………………………………………………

……………………………………………………

他給你的成功建議：

……………………………………………………

……………………………………………………

……………………………………………………

……………………………………………………

……………………………………………………

三、錄音激勵法

此外，還有一個可以刺激我們潛意識的力量，那就是「自己」。

讀者們可以運用看看，例如，我每年都會錄一捲「潛意識錄音帶」（或者你也可以使用手機等其他錄音器材），錄音的主題依每人情況有所不同，而我的錄音主題是「一〇一個人生目標」。

這是我每年的固定作業，我會先將自己人生的七個面向寫下來，包含：家庭、事業、理財、人脈、學習、旅行以及公益，在七大面向之下，各自再設立十幾個目標，匯整成一〇一個年度追求的目標。接著，再將每個面向的主要核心目標列出來，錄出一捲錄音帶，背景則搭配振奮人心的音樂，在各種重要的場合播放給自己聽。

在這裡請注意，錄音時你一定要以「第三人稱」來講述內容。

例如，不是說：「我一定會成功拿到業績冠軍。」

而是說：「裕峯，你一定會成功拿到業績冠軍。」

為什麼要用第三人稱呢？

因為我們有一個理性的左腦，如果你使用第一人稱說：「我將會……」那麼左腦就會用「理智」來否決你。當你使用第一人稱來說「我一定會成功」時，你的潛意識都不相信你自己。

因此，你必須降低理性左腦的作用，讓潛意識可以浮現，在作法上就必須使用第三人稱。例如：「裕峯，你一定可以登上商業類雜誌、上廣播節目、登上各種媒體。」

「裕峯，你一定可以成為暢銷書作家。」

「裕峯，你真的很棒、很優秀。」

「裕峯，你可以幫助別人、幫助家人，你一定會達成目標。」

這不是單純的自我提醒，而是已被研究證明非常有效的自我正面催眠技巧。

思考一下，在人的一生當中，最熟悉的聲音是誰的呢？

不是父母，也不是配偶，而是你自己。

從一出生，我們就聽著自己的聲音長大，自己的聲音讓你自己最安心。因此用自己的聲音，錄下激勵自己的話，最可以傳達到自己的潛意識。

那麼，在什麼時候聽最好呢？

最好的時間點是「睡前十分鐘」，以及「剛起床後的十分鐘」。

在成功學裡，有一句名言：「人要成功，只要做對一個關鍵，就可以改變自己的命運，那就是『選對配偶』。」

為什麼呢？

舉個例子，如果你在睡前和老婆說：「我一定要成功，我一定要月入一百萬元。」老婆聽了，卻在枕邊說：「唉呀！快睡吧！不要做夢了，這是不可能的。」

你每天這樣說，卻每天都被老婆澆冷水，久而久之，你有再偉大的夢想、再燃燒的鬥志，也會被澆熄。

相反地，如果每當你立下志向時，枕邊人就嬌滴滴地說：「老公，你是我的偶像，你一定會成功，我最愛你了。」那麼就算你的鬥志原本只有兩分力道，被老婆這麼一說，也會強化成十分力道。

現在，不論你已婚、未婚，都請在睡前放一捲正面自我激勵的錄音帶（或者播放音檔）給自己聽，就能有效發揮正面強化的效果。

當你入夢時，潛意識也持續吸收著這樣的正面能量，這會讓你每天都充滿鬥志。

請打造你專屬的「碧海潮聲曲」

瞭解了本章列舉的三個自我激勵方式之後，請讀者也列出專屬於你自己的「碧海潮聲曲」。如果沒有，請花一點時間想想：

Q 什麼最容易觸動你的心？

（無論是勵志故事、名人照片還是使人振奮的音樂，每個人都一定能找出專屬於自己的那一個，能讓自己有感覺的物品或媒介。請列出至少三個，並且將其融入到生活中。）

玉女心經

從心做起，成功一定做得到

「玉女心經」也是許多人耳熟能詳的招式，在金庸的武俠小說裡，「玉女心經」是《神鵰俠侶》一書中重要的武術招式，牽繫著兩代的武功修行，乃至於愛情思念。表面上是古墓派林朝英所創，用來制衡全真派的武功，實際上，直到小龍女和楊過合練，才知「玉女心經」搭配全真功夫可以完美地分進合擊。

做為一個業務高手，就像練這「玉女心經」般，一方面修行自己的內功，一方面也能搭配外界的力量，共創生涯的新高峰。

「成功」，什麼是「成功」？

如果用登山來比喻，是不是所有攀登的辛苦過程，都只是為了登頂那一刻的榮耀？一旦在最高峰立上「到此一遊」的旗子之後，接著便是開始走下坡？如果是如此，那麼人生不是太悲情了嗎？因為「成功」與「快樂」只有短短的幾分鐘，其餘的時間不是痛苦的往上，就是失落的往下。

我認為，成功絕不是這樣的。

前述，我曾提過：人生之所以不成功，是因為人們沒有改變價值觀，不敢定義真正的成功，總是讓自己困在敏感度過低的「逃避痛苦」，以及不切實際的「追求快樂」當中。於是，「追求快樂」總是遙不可及，「逃避痛苦」就成了每天的習慣，連打一通陌生開發電話，都能觸碰到痛苦底線。

這裡將以另一種方式來闡釋成功，有的人因為藉口太多，一輩子一事

無成，但有另一種人則是對自已太嚴苛，他們可能會成功，但是成功的過程總是令他們痛苦。如果人生是一個幸福的生命旅程，那麼以另一種角度來說，這些自認為成功的人，其實並沒有達到真正的成功。

就像是，一個人賺得了全世界，卻失去了所有愛他的人。如此，真的算是成功嗎？

定義成功與快樂的三大準則

曾經，在某個美好的九月，天涼好個秋，我和三個好朋友一起開車去陽明山，想要享受泡溫泉的樂趣。我們幾個是無話不談的好麻吉，那一天邊開車、邊笑鬧，是充滿了歡樂氣氛的開端。

原本一路上涼風徐徐，天氣不熱也不冷，非常地舒適。但是，就在我們上山的途中，突然天昏地暗，不久之後雷聲大作，下起了狂風暴雨。

當下，每個人的心情都變了，那時候正在山路上，窗外是讓人越看心情越差的風雨，路上滿是汙泥，天氣變得又濕又冷。

後來，因為大家心情都不好，有人開始抱怨，有人接著回嘴，兩人的口氣都不太好，於是，大家都不高興了。最後，有人說：「算了！回家吧！不想去泡溫泉了。」於是，一行人就這樣打道回府。

這件事代表了什麼？

過程不愉快，最後也會影響結果。

我們的結果是：任務取消，也就是沒有達成泡溫泉的目標。

也有可能我們硬著頭皮繼續上山，但是因為心情不佳，大家玩得也不會愉快。

總之，過程不好，導致了結局也不好。

有人可能會說：「下雨這件事，是老天爺決定的啊！」

那麼，如果碰到人生中的暴風雨，例如遭遇不幸，或者過著霉運連連的日子，你就「注定」得繼續倒楣下去嗎？

當然不是。

因為，只要改變過程，就可以改變結局。

那一次的登山泡湯之旅是一次失敗的出遊。日後朋友們再見面，也有檢討。因為其實當時的我們還是可以改變後續發展的。

其實，如果我們當時改變心境，只要一個人的樂觀能影響其他三個人，那麼結果就完全不同了。

颱風下雨？那不正好嗎？我們要上山泡溫泉，濕冷的天氣泡溫泉更過癮。而且這種糟糕的天氣，上山的人肯定變少，那對我們是再好不過了，上山下山都不怕塞車。還有，既然天氣差，去泡溫泉的遊客少了，那麼溫泉旅館的老闆就可以更專心地招呼我們了，我想，當我們泡完溫泉吃飯時，老闆說不定還會額外招待我們小菜以聊表感謝呢！

所以，下雨天也實在是好事一樁啊！

當抱持的是這種正面心態時，車上的四個人反而會更期待，大家會更興奮地趕緊上山，享受一個不受太多遊客干擾的美好時光。

所以，我們當然可以透過改變過程的心境來影響結局。

同理，我們回顧前面提過的成功比喻——登山。

登頂快樂嗎？當然快樂，但那不是唯一的快樂。在我們的定義裡，登頂只是一個「里程碑」，但並不是最終的目的地。當我們改變思維，那麼原本只有短暫快樂的旅程，將會變成全程充滿樂觀的旅程。

為什麼？因為「里程碑」代表著生活中的一段高潮，然而生活還有許多高潮，包括登山前、登山後都有，並不是「目的地」就代表著唯一的結果。

這也像是跑馬拉松，最終的目的是跑完全程，但是在途中的每五公里、十公里等地方，都會設有補給站，所以一邊跑，我們也持續會產生小小的成就感：「已經跑五公里了」、「已經跑十公里了」，所以整個馬拉松的過程，都是樂趣，只是當最後衝過終點線時，讓這樂趣達到了最大化而已。

再以之比喻人生，聰明的讀者就明白，追求成功是人生的一種快樂，但絕不能是唯一的快樂，而是像跑馬拉松那般，超越一個又一個的中途補給站，時時讓自己都產生快樂的感覺。

因此我常告訴學員：「你追求成功，但是過程如何過得快樂、開心更重要。」

因為許多人設立一個目標，卻沒辦法堅持到實現的時候，通常不是他不想要這個好的結果，而是因為這個過程太痛苦。

要享受過程、讓過程更開心，真正的祕訣就在於改變「價值觀」，「價值觀」是我們人生的指南針，也就是你認為人生最重要的依據是什麼？能讓我們分辨出何者為重、何者為輕。

而「價值觀」的定義設定有三個準則，一是「簡單」，二是「可控制」，三是「時常可達到」。

舉例來說，有人定義的「成功」是：每個月的收入要達到一百萬元。但是他並不是個企業家，只是個還在打拼的業務員。但是，他卻給自己設立了那麼高的目標。在現實上，他就算每個月拼命工作，最多只能賺到十幾萬元。

因此，他每個月都無法達成目標，也每天都不快樂。在這樣硬撐了半年之後，他反而開始自暴自棄，失去了以前的鬥志，變成了得過且過的青年，讓曾經關愛他的上司都連聲可惜。

我們不該重蹈這樣的覆轍。

我鼓勵我的學員做到以下的三大準則：

準則一、成功的定義要「簡單」

當然，這並不是要你隨便訂立個低標準就好，那樣是自我欺騙。你可以訂立一個具有難度、要努力才達得到，但是保證肯努力就一定能達到的目標。例如，下次的考試，總平均分數要達到八十五分以上；這個月的成交數目要達到十個客戶，或者營業額百萬元，或者利潤十萬元。

目標要足夠有難度，讓你想努力；但也要足夠簡單，讓你的努力不會白費。

準則二、成功的定義要「可控制」

也就是說，成功要操之在己，不要受制於人。

例如，有人追求女孩，目標設定要讓女生愛上自己，或許在電影裡這樣很浪漫，但在現實生活中感情的事不能勉強，她會不會愛你，決定權在她，不是你可以去強迫的。

在設定業績目標時，包括要拜訪幾個客戶、希望每天打幾通電話等，都可以列入自己的行程，而不需要等別人怎麼做，自己才能怎麼做。

準則三、成功的定義要「時常可達到」

這也是本章的重點，如果你只設立一個大目標，那麼就算成功了，你覺得快樂，但是也就開心在那一瞬間。可是如果你把目標細分成可以多次達成的小目標，那麼在每個小目標實現就都是快樂的。

其實在目標設定上，這也是長程目標、中程目標和短程目標的概念，就像是有人的目標是攀登百岳，那麼每攀登一座山，他就得到一次快樂；

有人的目標是成為億萬富豪，那麼每達到一百萬元，他就得到一次快樂，就算變成億萬富翁了，在達到第一億零一百萬元時，他還是能繼續得到快樂。

試著以這樣的方式定義成功與快樂，同時記得搭配自我獎勵。

舉例來說，我做業務銷售，我設定今天要聯絡十個陌生人，每聯絡一個人，我就有一種喜悅，當我聯絡完十個人，我就會給自己小小的獎勵：可以聽喜歡的音樂；或者是當業績突破一個金額時，我就讓自己去吃一頓大餐。

修改價值觀的定義，就是要讓過程很快樂，才能讓你堅持到實現目標。修改之後，你會發覺「我天天都很快樂」，同時也持續地朝成功邁進。

價值觀的兩大評估標準

經常有人會問我有關成功的一個問題：

人生是否可以追求各方面的平衡呢？我們既事業有成，家庭幸福，又是億萬富翁，又是十項全能，上山下海都行的好玩咖。

在這世界上，是否真的有人可以在金錢、事業、家庭、人際、學習，以及最重要的健康上，事事都完美呢？難道，追求每個領域的卓越，不同領域之間不會互相牽制嗎？

而我的答案是：這世界上的確有人可以做到事事兼顧的地步，遠的不說，就拿臺灣許多知名的大企業家來說，他們是億萬富翁，也擁有幸福美滿的家庭，同時也愛心不落人後地做社會公益，記者也經常拍攝到這些企業家們帶著妻女戶外踏青的闔家歡樂畫面。

因此，追求平衡的幸福成功一定可以達成的。關鍵仍然在於價值觀，而其中取決於兩個評估標準，如下：

評估標準一：價值觀的「程度」定義

老話一句，成功與否取決於你的「定義」，而「定義」因人而異。人人都追求完美的極限，但是人人也時間有限，不可能每個項目都做到極限、做到完美。

於是，這就需要決定價值觀的順序了。以我來說，我的第一價值觀是家庭，第二才是事業。因此，我會花更多心力在照顧家人上，與此同時，也積極追求事業與財富。但是任何時候，只要一影響到家人權益，如每個月的目標設定得太緊迫，導致每天都不能回家陪伴家人，那麼我就一定會調整。寧願業績的目標設定低一點，也不要讓家人孤單。這樣的結果，我可能事業無法達到最高峰，但還是可以追求一定的績效，同時我也能擁有美好的家庭。

但是假定另一個人的價值觀是事業第一，社會關係第二，家庭第三，那麼他的人生目標設定就和我完全不同，他可能更能達成億萬富翁的目標，但也沒有犧牲掉他的家人。只不過他的妻子陪伴他的時間，可能比我的妻子陪伴我的時間要少。這樣的取捨沒有對錯，端看每個人的價值觀設定為何。

最糟的情況是，一個人沒有事先定義好自己的價值觀，只是一味地人云亦云，模仿別人的目標，讓自己成為千萬富翁，到頭來，可能收入也有多一些，但是卻離婚了，日子過得不快樂，再來怪罪都是「追求成功」害他失去美好的人生。但是這是自我管理的問題，與追求成功這件事沒有關係。

評估標準二：價值觀的「優先順序」

價值重視「程度」，價值也重視「順序」。如同前面提到的，有人的價值觀是家庭優先、事業之後，有人則是事業優先、家庭之後。這沒有一定的對錯，這裡要特別強調的是：價值觀的順序與追求成功過程的關係。並且將價值觀再細分，以事業來說，事業是個大項目，但是我們對於事業的價值觀還可以再細分。

以我來說，我曾經是個上班族，我的心裡一直「想」要成功，但是想歸想，有好幾年我還是過著老樣子的生活，對自己不滿意，卻又不知道該如何突破。直到我檢討了自己的價值觀之後，才發現問題出在我對事業的定義排序有問題。

原本我的事業價值觀的排序是：安全感第一，追求自由第二。

對我來說，因為我很渴望自由（這是排第二的價值觀），導致我上班很不快樂，因為上班要聽老闆命令，經常得委屈求全，我不愛看老闆的臉色，所以也就天天不開心。

但是偏偏我的第一順位價值觀是「安全感」，也就是說，我希望工作有保障，我需要薪水給我安全感，而且這個價值觀要排在「自由」的前面。無怪乎，我老是不快樂，但是我卻寧願不快樂，還是要勉強自己待在上班族的世界裡。

這是我給自己設下的矛盾框架，我永遠活在「追求安全感」與「追求自由」的兩種衝突裡。

之後，我深思熟慮，用心去思考自己到底想要什麼樣的人生，如果我希望成為千萬富翁，那我的人生一定要改變。

我要想人生改變，就一定要改變價值觀。

於是我重新調整自己價值觀，把安全感和自由修正掉。我的事業價值觀的新順位便是健康第一、愛與關懷第二、學習成長第三。

也是基於這樣的新價值觀，我自己出來創業當講師，因此健康就很重要，有健康的身體，才能幫助更多學員；而對學員要有愛與關懷，才會更了解學員需要什麼，也才能更貼心地協助學員解決問題；同時我一定要多學習、成長，才能擁有更多的知識與方法，才能幫助更廣大的學員。

就這樣，我先定義好價值觀的順序，接著才能追求成功的人生。

什麼是成功？

這件事沒有標準答案。

許多人以「財富」作為其中一個衡量標準，我也不例外，這沒有對錯。但我也要強調，其他的衡量指標也要能考慮，如此才是幸福、平衡的人生。

財富絕非一定的標準，許多有成就的人，好比如說雲門舞集的林懷民，達賴喇嘛，德蕾莎修女，民主鬥士翁山蘇姬。他們的成功定義，不以財富來衡量，重點在於他們清楚自己的目標是什麼，他們逐夢踏實，每天都過得愉快心安。就算遭遇苦難，也因為心中有清楚的願景，而有著踏實的快樂。

總之，你應該先預想自己想成為什麼樣的人，並以此調整自己的人生目標，以及相應的價值觀。

俗話說：「沒有過程，哪有結果？」

有太多人只想著未來想做什麼，卻不去檢討、分析想要達成目標的事前準備步驟。這就像是賣牛奶的女孩一樣，只會做白日夢，卻在最後不小心將頭上的牛奶盆打翻之後，就什麼都沒有了。

要改變人生的命運，就得先改變現在的想法。

可以一天先改變一點點，加總起來，一輩子就可以有很大的改變。

練功時間

檢驗你的價值觀

價值觀是一定可以調整的，如果你對現在的生活不滿意，這就代表著你需要調整你的價值觀。

請列出，對你來說最重要的五大價值觀：

（我提出參考選項，你也可以有其他選項，如事業、財富、健康、家庭、自由、信仰、學習、名聲、公益、助人、心靈、贏、成就感、成功、快樂、幸福、熱忱、堅持、自信、誠實、愛、關懷、目標、責任感、友情、安全感、影響力、冒險、名聲等等……）

....

....

....

....

....

請列出，對於追求成功，你的評核標準是什麼？

（試著將健康、家庭、財富、名聲，自由、安全感、目標等影響你事業的各種因素包含進去。）

....

....

....

....

....

....

Q 如果你真正要追求成功，你希望的價值觀順序是什麼？將它列出來。

Q 但是，現在你實際上的價值觀順序是什麼？將它列出來。

（調整好之後，將它整理在小紙卡上，隨時檢視自己是否有依調整之後的價值觀過生活。如果有，就更容易過著你想要的幸福、快樂人生。）

乾坤大挪移

顛覆自己的弱勢，增強成功體質

不論你有沒有讀過金庸小說，多數人都聽過「乾坤大挪移」，這個詞已被廣泛用在生活各個層面上，例如在政經新聞，也常出現某企業家如何「乾坤大挪移」地調度資金，然而這個詞經常與金融犯罪連接在一起，帶有負面的意味。

但在武俠小說當中這卻是一門絕世神功。可以說是小說《倚天屠龍記》裡最酷的一門武功招式。這個招式的重點之一，在於顛覆想像，顛倒陰陽，以人所難料的方式運氣。如張無忌決戰光明頂，就是靠「乾坤大挪移」一戰成名的。

現代人個個都想一戰成名，所謂「江山易改，本性難移」，人們一方面繼續用舊習慣、老方法做事，一方面又冀望發生奇蹟，希望成功突然找上門來，這些都只是懶惰者的癡人說夢。

而「乾坤大挪移」就是要大幅改變一個人的心性，同時這個招式有個特色，就是徹底發揮一個人的潛能，業務員人人都應該修習這招「乾坤大挪移」來改變自我。

成功，人人想要。

「但是……」

是的，這就是問題所在，有太多的「但是」阻擋在我們面前。

「我也想要完成這個任務，但是我身體不太舒服，想早點休息。」

「我想要達成這個月的業績，但是老闆訂的目標實在太高，誰都做不到。」

「我真的想要變成千萬富翁，但是這個環境不給我機會去嘗試。」

如果當年的賈伯斯（Steve Jobs）說：「我有一個好的創意，但是，我只是個大學生，所以還是算了吧！」

如果馬雲說：「我想要讓每個企業都有個好平台可以賣東西，但是，我只是個不懂電腦的英文老師，所以還是算了吧！」現在就不會有他們改變世界、改變華人的一番成就。

人人都可以有藉口說「但是……」然而，只有那些能突破「但是……」牢籠的人，才能成就一番事業。

要突破牢籠，就要先進行自我改造。

別擔心，不用像科學怪人一樣進實驗室，也不必靠深奧的禪修或靈修來強化，這是一種人人做得到、簡單的自我改造。

問對問題，就能導引正確方向

這世上各種精密的儀器都附有說明書，但是唯獨一個全宇宙最精密的物體，沒有說明書。

那就是人類的「腦」。

人類，自稱萬物之靈，足跡上天、下海，甚至到了月球。然而直到今天，我們對自己的腦還有太多未知的地方，科學家甚至說：「人類的腦至今只開發了不到10%。」

我們雖然未能理解完整的大腦運作機制，但就已經理解的部分，就能派上很大的用場。特別對業務人員來說，懂得運用大腦機制，對業績非常有幫助。

你是否聽過「要找到正確的答案，就要先問對問題」呢？

舉一個生活中常見的例子：

在一個班級或團體裡，會議主持人針對一個提案要大家進行表決時，他如果問：「大家贊不贊成這個提案啊？贊成的人請舉手。」或者是問：「大家贊不贊成這個提案啊？不贊成的人請舉手。」

依照經驗，後者的問法更容易讓提案通過，因為人的本性就是「先保守，再主動」。當要贊成的人舉手時，有的人因為心中有點猶疑而沒舉手，就被視為「不贊成」方。相反地，當要不贊成的人舉手時，有的人也是心中有點猶疑，而沒舉手，卻被視為是「贊成」方。

理論上不管怎麼問，「贊成」和「不贊成」的比例應該是一致的，卻會因為問法的不同，導致最後統計的數字完全不同。

現代的心理專業人員已經很懂得此類技巧。

因為「問話」就像是交通警察指揮交通，你的問話可以指引司機將車子開到不同方向去，這是心理勵志上很常見的例子。當你用正面的問句和自己對話，你腦中回應的就會是正面的事情，因為腦子原本是「中立」的，是你「餵」他一個理由之後，他才接著產生了一連串的思維。

當我們用心地思考一件事情，總能找到答案。

例如：我們想「為什麼要分手？」那麼大腦總會幫你找到各種分手的理由，於是兩人只好分手；我們問自己「為何會失敗？」於是大腦會幫你找到各種失敗的理由，找得越多，你就越沮喪。

太多人的人生遭遇困境，原因不是別人造成的，而是自己問自己太多「錯誤的問題」。

試著改用另一種方式詢問：「我為什麼可以成功？」輸入這個問題，你一定可以找到答案，最後你就會成功。

同樣地，你要讓業務員能成交客戶，就要問「業務員為何能成交客戶？」因為客戶願意和你買東西。「客戶為何願意和你買東西？」、「因為……」當你這樣聯想下去時，你就能抓住業務銷售的技巧。

可以做個簡單的實驗。

給你一分鐘的時間，請你找找看，在你的周遭有什麼東西是紅色的？

一分鐘之後，我再詢問你。

於是，你可能開始很用心地往四周瞧一瞧，你突然發現，原來有很多東西是紅色的！花是紅的、地上的磚是紅的、同事的髮飾、樹上不知名的果子、書本的書衣、會議室的擺設……有太多、太多了。

一分鐘之後，你正要回答時，我卻忽然問你：「請說出我們身邊有什麼東西是藍色的？」你可能一時之間會愣在那裡，完全想不起四周有什麼東西是藍色的。但是明明剛才你已經往四周看了一圈，為什麼還是「有看，沒有到」呢？

這就是人性，你的腦子會接受你的指令，你「專注」於什麼，就會產生什麼。

你一定有過這樣的經驗，當你關注一件事情時，忽然之間，發現滿街都是那件相關的事情。好比如說，當我老婆懷孕時，我走在路上就發現——這邊有孕婦，那邊也有孕婦，捷運上有孕婦，連我自己課堂上的學生當中也有孕婦。

咦！以前我怎麼沒有發現有這麼多孕婦呢？這些孕婦難道是一天之中冒出來的嗎？當然不是，孕婦原本就存在了，只不過在你原本的腦海裡，並沒有特別注意「孕婦」這樣的人。

現在，試著問自己正確的問題。例如，問自己「為什麼會成功？」你越想，就越覺得「我應該成功的，有太多理由讓我可以成功。」

你以前為什麼不成功？因為你把焦點大多放在和「成功」不相關的事

情上了。你把焦點放在「怎麼穿最好看？」、「假日該去哪裡玩？」、「我喜歡的偶像明星會在哪一個電視台出現？」、「我的『魔獸戰場』打到第幾關了」……。

因為你關注，所以你得到你想要的。

因為你問了相關的問題，所以上天告訴你「假日可以去陽明山約會」、「這個月有五月天演唱會」、「『魔獸』又有新道具可以拿了」……

至於「成功」，上天會說：「你有問過我這個問題嗎？」

想想，你有嗎？

這就是問題所在。

沒有理所當然，命運可以自己創造

當我們登山時，有根樹枝擋在前方的路上，我們會不會說：「前面被樹枝擋住了，我們打道回府吧！」不會，因為我們覺得路被擋住了，但是我們可以跨過去，或者是把樹枝砍斷，一定有辦法可以過去的！

那麼，為什麼在現實生活中，當我們碰到各種困難時，卻會被「擋住」呢？這一種「被擋住」的狀況，已經變得很普通，以至於許多人說的話都會那麼地「理所當然」：

「經濟不景氣，所以我們日子難過啊！」

「老闆只給我們22K，我們一輩子都買不起房子了。」

「公司沒給我足夠的資源，所以我們無法推動業務。」

每個理由，想想似乎都很對。

因為經濟真的不景氣，生計都不保了，前途當然黯淡；一個月只領22K，存個五十年也買不起台北的一間廁所啊！現在行銷做什麼都要錢，公司不編列行銷預算，我什麼事都不能做！

這一切都很合理、都很理所當然，任何人都不能說你錯。

是的，任何人都不能說你錯，因為你也是「任何人」之一。

什麼叫「自甘平凡」？這就是自甘平凡。

現在，就讓自己練練「乾坤大挪移」吧！正因世界上有太多的理所當然，所以成功者只是少數。

試著讓自己去突破那些不可能。

大家都說這個客戶很硬，你不可能談成的，那麼你何不去挑戰看看？

大家都說要月入一百萬元，如果有人認為你是不可能達成的，那麼你何不做給他們看？別讓他們看不起你。

特別是從事銷售領域的你，更不能預設立場，還沒出門就覺得這門生意「不可能」。

其實很多事情原本都是不可能，很多商品的存在，原本都是沒有理由的。所有的理由都是「被創造」出來的。

有句話說：「需求是發明之母」。有許多業務人員喜歡從需求面來推銷產品，告訴客戶「這個東西有多好用，你一定要買來，因為對你很有幫助。」

但是別忘了，很多商品其實是被創造出來的，不完全是基於一個需求。假設我們乘著時光機回到兩百年前的世界，詢問當時的人，請他想像一個讓他快速移動的方式，他們再怎麼想，提出的答案頂多是跑得更快的馬車，騎上一匹千里馬等方式，絕不可能會說出可以搭乘跑車、搭乘噴射機這樣的答案，因為這些已經超出他們那個年代的想像極限。

同樣地，許多現代商品的銷售也不是依照「消費者原本的需求」，而是依照「被創造出來的新需求」。

例如，你問消費者「為什麼喜歡牛仔褲？」原本牛仔褲的價值是在於

「耐用好穿」，但如果我們針對這個問題詢問，就會出現「穿牛仔褲很酷」、「穿牛仔褲輕便、舒服」、「牛仔褲能展現青春活力」等答案。一開始只是簡單的牛仔褲，當我們賦予它更多意義的時候，牛仔褲就變得更被需要。

而一個成功的業務人員，如果能透過詢問正確的問題，就可以引起消費者對這個商品更多的興趣。

就像牛仔褲已經被改變了定義，被賦予了更多可能，變成了一種個人形象的表徵；就像腳踏車，曾經只是一種代步工具，然而現在已搖身一變成為高階的休閒運動器材；就像一位已經六十五歲、幾乎身無分文的老先生，最後卻能打造出全世界頂尖的速食企業集團——「肯德基」。

他們「本來」都不是這樣子的，他們「本來」都不可能成功的：牛仔褲只是工人穿的勞工褲；腳踏車早就應該被淘汰，只剩鄉野地方還有人在騎；六十五歲一事無成，他一輩子就這樣了啦……

結果，他們卻打破了所有的「理所當然」。

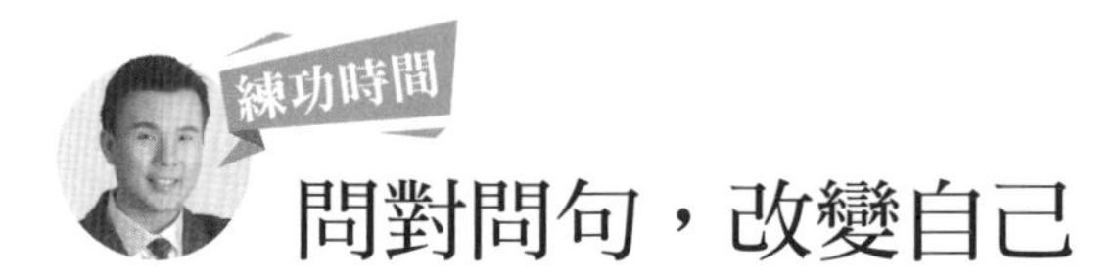

問對問句，改變自己

今天起，你是否想給予自己的成功很多理由？還是你寧願給自己的失敗很多理由？

人生不是催眠自己成功，就是催眠自己失敗。

Q 寫下你為什麼要讓自己人生過得更好的五十大理由：

....

....

（你可以將這五十大理由列印出來，並護貝放進皮夾、包包裡，當你碰到挫折時，就可以拿這張紙卡起來，看著唸一遍。因為，你就是導師，你就是自己人生的催眠師。）

獨孤九劍

無招勝有招，自立自強最高招

不論你有沒有讀過武俠小說，一定聽過一句話——「無招勝有招」。這句話的意思，並不是說什麼都不會的人也勝過懂一招半式的人，而是指：當一個人可以將技術靈活應用時，就絕對勝過技術雖好卻不知變通的人。

在金庸武俠裡，最著名的「無招勝有招」就是指「獨孤九劍」。獨孤九劍的意境乃是跟隨中國哲學莊子，以「無用之用乃為大用」為原則，仔細觀察對方招式，迅速找到破綻，攻其所必救。當掌握住原理之後，就算手中是木劍，也能夠傲視群敵。《笑傲江湖》裡的令狐沖，因此成為了劍術高手。

在銷售的領域裡，要想成為「無招勝有招」的高手，輕鬆應付各種狀況，最根本的業務大法不是什麼客戶說服技巧、溝通必勝技巧，這些都屬於外功的範圍，最根本的還是打造出一個強大的自己，當自己夠強大時，那麼面對到什麼樣的狀況都無所畏懼，這不正像是「獨孤九劍」一般，四處無敵？

什麼是世界上最強大的武器？

不是原子彈，不是氫彈，也不是什麼生化武器。

而是人腦。

我們每個人的腦，是世界上最強的武器。當一個人的腦是脆弱的，做事情就會惶恐害怕，就算他擁有頂尖的武器，也是個弱者。當一個人擁有

堅強的心志，活力充沛的大腦，那麼就算赤手空拳也是個高手。

因此，世界上最可怕的戰爭，不是轟炸敵方的領土，而是對敵人的內心灑下恐怖的種子，這正是恐怖組織的作法。

作為一個成功的業務員，要能以無畏無懼的態度，充滿自信地拜訪客戶、迎接挑戰，最主要加強的武器，就是自己的腦。

只有建立正確的信念、正面的思維，才是銷售無往不利的成功關鍵。

全新自我，全新思維，造就全新人生

「信念影響思想，思想影響行為，行為會影響結果。」

「信念」非常重要，但是由於每個人的信念是從小累積而成的，一個孩子當然還不懂什麼是正面信念、什麼又是負面信念，然而從小累積的各種記憶和負面經驗，卻會形成根深柢固的思維。到了成年，許多人養成了錯誤的生活模式，卻又不知如何調整，追根究柢，往往要從修正成長過程的源頭做起。

而一般最常見的錯誤信念，就是對「金錢」的信念。

每個人都想要富有，但是弔詭的是，當我和許多人談論他們對錢的看法之後，卻發現他們的金錢觀植基於錯誤的信念——他們一方面想賺錢，一方面在潛意識裡又排斥錢，這也使得許多人雖然每天渴望能富有，卻始終無法真正存到錢。

這些人對於金錢錯誤的想法，包括：「錢賺來，就要花掉」、「有錢人賺得的錢都是不義之財」、「有錢人一定要犧牲別人的幸福，才能變得有錢」等等……

也許當事人沒有意識到自己有這樣的思維，只有在深入溝通之後，人們才會發現，原來自己在潛意識當中「不希望自己當個有錢人」。

而每個人的信念都是從小累積而成的，舉例來說：

甲先生是個優秀的企業中階主管，每個月的收入其實不錯，但是一直以來他都存不了什麼錢，就算有大生意，當月獲得了高佣金，但是到了月底，存款還是只夠生活花用。

和他深談之後才了解，甲先生從小生長在一個父親有暴力傾向，母親天天過著擔心受怕日子的環境裡。偶爾父親良心發現帶錢回家，母親就得要趕快好好運用這筆錢，購買該用的東西，否則哪天父親喝醉了，又會翻找抽屜，把錢拿去買酒。於是，甲先生從小就受到這種根深柢固的金錢觀影響，認為「手上有錢就得趕快花掉，不然就會被拿走」。

乙小姐也是個收入不錯的專業人士，但是多年來她的金錢觀念卻很糟，她刷爆了幾張信用卡，也有一些信用貸款，這讓她每個月都為繳款而頭痛。

分析她的金錢觀念，追根究柢，同樣是小時候的成長環境造成的。原來乙小姐的父親很疼愛她，從小就對她細心呵護，但就在乙小姐唸中學的時候，正值壯年的父親卻無預警地因心血管疾病而英年早逝。

這件事帶給乙小姐相當大的衝擊，她在當時就植入了一個思維——「人生無常，人生苦短，錢賺再多都沒意義，人說走就走，還不如即時行樂。」就是這樣「及時行樂」的觀念，導致她日後的人生「消費第一，賺錢第二」的行為模式。

上述只是理財方面的案例，其他包括了人際關係模式、敬業態度、做人做事是否負責任等許多基本思維，都成型於小時候的成長記憶。

好在，成長的記憶只是影響人們生活模式的一大因素，仍然有其他因素可以改變我們。而能夠影響我們信念的四大要素，如下：

1. 成長記憶

2. 名師指引

3. 重大刺激

4. 知識與學習

大部分的人若沒有名師指引，或者碰到重大事件，例如：遭逢巨變，一夕之間被人倒帳千萬，環境逼迫人成長。那麼很自然的，長大成人之後，就會依照從小養成的信念來處世。就像是一個人若出身在一個與世隔絕的山中農村裡，那裡人人過著種田、自給自足的日子，從來沒有人想過要賺大錢、當企業家，那麼，在這個農村裡長大的小孩，就會照著這種模式過一輩子。

為了避免貧窮世襲，因此，知識和教育的力量就很重要，例如讀者閱讀本書，也是一種知識的學習。

雖然過去我們已經累積了許多負面的信念，無論是對金錢，還是工作，都有著錯誤的信念。然而今後我們將透過自我教育、自我加強，來改變自己、建立正面信念，進而帶來成功人生。

舉例來說，我每天都會花一些時間來加強某些信念。

方法是：閉上眼，深呼吸，吐氣，感受一下自己身處在宇宙的一個能量場裡。

然後念出以下字眼：

「我希望成功。」

「我會成功。」

「我要成功。」

「我就是成功。」

或者念：

「我希望有錢。」

「我會有錢。」

「我要有錢。」

「我就是有錢。」

如果自己一個人在家中，就可以大聲地唸出來；如果在工作場合不方便大聲念，也一定要在心裡默默地唸。

當然不只是唸出來，你還要用心去感受。例如，想到「成功」，你就想像一個畫面，想像自己變成一個企業家楷模，被邀請去對一千個聽眾演講，你想像台下有那麼多雙的眼睛都崇敬地看著你。

這是需要練習的。

當我帶領我的學員們做這樣的嘗試時，一開始有些人會覺得有些不知所措，甚至會呼吸不順，覺得不自在、不舒服，這表示他們原本有著根深柢固的負面思維，如今我們要在大腦輸入正面的指令時，難免和舊有的觀念衝突。這需要時間來調整，但是一定得調整。

唯有改變自己的信念，才能創造你的新人生。

建立正面心錨，迎向成功人生

提到信念，就一定要強調正面價值觀的建立。

人類和所有動物一樣都會受到經驗制約。當正面的愉快經驗連結到某個行為或價值觀時，人類就會對這個行為不斷地產生正面加強。相反地，如果負面的不愉快經驗連結到某個行為或價值觀時，就會導致扣分的效果。前面曾提到童年不愉快的經驗，當其與金錢連結在一起時，結果就是讓人養成「賺錢就要趕快花掉」的錯誤行為模式。

現代心理學家已經發現，只要能夠建立適當的制約，就可以調整一個人的負面行為。這原本是運用在心理治療，但是作為一個業務員的正面觀念養成，或者追求成功的人培養正確的良好行為，都是很有幫助的。在本書的業務外功篇，我們也將提到，透過制約作用可以對業務銷售帶來很大的助益。

這樣的制約，我們用一個專有名詞來代替，就是「心錨」。

什麼是「心錨」呢？簡單來說，就是某個印象、動作或聲音，會影響一個人產生對某個行為的正面加強或者負面加強效益。這種連結是非常直接的，就好像醫生拿著小鎚子敲你的膝蓋，你的腳就會自動往前踢。

而一個被連結的「心錨」也有這樣的效果，當A現象出現，就會導致B行為的加強。

舉一個知名的例子。

有科學家以一隻狗做實驗，每當送餐餵食的時候，科學家就會搖鈴，每次送餐時，每次都搖鈴。到了後來，就算不送餐了，只要一搖鈴，狗兒就會流口水。

有個人聽到某首歌曲，就會心境平和，因為那首歌讓他想起小時候母親和他相處的溫馨回憶；也有人聽到某首歌曲，心裡就會浮現淡淡的哀傷，因為那首歌讓她想起她的苦澀初戀。

這些都是「心錨」，搖鈴是「心錨」，連結用餐這件事；歌曲是「心錨」，連結過往的回憶。其他像是一幅畫、一件外套、某種髮型、某個背影等等，對不同人來說，都可能會帶來不同的連結，成為他們的「心錨」。

而在鍛鍊成功心志的業務員培訓課堂上，我們也會以建立「心錨」的方式，來訓練學員成長。

我經常觀察業務員，我就產生了一個疑問：「為什麼有很多業務員那麼害怕打電話呢？明明電話是他們的生財工具，但是為什麼有些人一拿起話筒就覺得惶恐呢？」原因就在於他們和電話之間已經產生了負面的「心錨」。

這種現象雖然很普遍，但是道理其實很簡單。

因為每個業務員都有過打電話被拒絕的經驗，而且失敗的機率遠遠高過成功的機率，「心錨」是累積起來的，就好像信念也是累積起來的。一次打電話被拒絕、兩次打電話被拒絕、三次打電話被拒絕……每一次的拒絕都加深了負面的連結，久而久之，「打電話」等於「被拒絕」，所以造成許多業務員都害怕打電話的「心理創傷」。

因此，當我訓練業務員時，我要訓練他們克服負面心錨，另外重新建立起正面心錨。

以打電話這件事來說，如果有人對打電話有抗拒心態，不敢進行詢問、邀約，我就會要他們先練習坐在電話前面，閉起雙眼，開始想過去和電話有關的美好畫面、想像好的事情，感覺自己聽到美好的聲音，感受到那時的幸福甜蜜。

當想像到達巔峰時，再開始打電話，此時他談話的心境是愉快的，就算被拒絕，也能想成只是另一次無緣卻仍然珍貴的交流。一次又一次地建立，就可以將負面心錨轉變成正面心錨。

前面說過，建立心錨要有一個「連結點」，當我們要建立正面心錨時，就要設立一個連結點。許多人有這種習慣，每當做一件事情成功的時候，就比出一個代表勝利的V字形手勢，每當看到這個手勢，就代表了成功的意思。在同事、朋友之間，要為對方打氣，也會經常比出這樣的手勢，對方看了，心裡也會產生振奮的心情，這就是一種心錨的建立。

這裡與讀者分享建立心錨的六大步驟：

步驟一：在感覺最強烈的當下，讓整個細胞神經有好的經驗

每當你聽到讓自己開心的聲音或話語時、每當你體驗到好的經驗時、

每當讓你自己高昂振奮時，這些都是可以建立心錨的基準。

步驟二：當正面感覺強度越強，就越是可以作為準確時間設立心錨的時候

設立心錨的最強時刻，就是正面感覺強度最強的時候，通常正面感覺升到最高點，或者準備邁向感覺最高點的時候，這些都是設立心錨的黃金時刻。

步驟三：心錨設立須具有獨特性

前面提過代表勝利的V字形手勢，這也是一種心錨，但是因為這手勢太過普遍，力道會比較弱。如果要對你產生個人意義，那就得建立起屬於你自己的心錨。

心錨，有時候是個物品，例如：舊照片，每當你心情不好的時候，翻翻那張照片，就能打起精神來。

心錨，有時候也可以是一種聽覺、觸覺或味覺，例如：有人聞到麵包香，就會覺得有種溫馨的感覺，心情不好時，他聞到麵包香，就會覺得放鬆。

許多名人也都有自己專屬的心錨，例如：NBA籃球明星麥可．喬登（Michael Jeffery Jordan），他每次投籃時，都會有舌頭伸出來的動作，這是他的一個專屬心錨。心錨必須具有獨特性，如果隨處可見，或者和其他動作重疊，那就不是具有影響力的心錨。

步驟四：心錨必須在固定的地方，並容易使用出來

例如，有人勝利時會揮動右手，或者跺腳喊YES。這些動作，由於每次興奮、開心時都會使用，每使用一次就加強一次，是很具效果的心錨。

而心錨也不能太過複雜，如果像進行什麼儀式一樣，要擺出好幾個動作才是完整的一套，那麼這樣的心錨就太麻煩了，反而變成一種壓力。

步驟五：運用心錨的次數要多，要不斷重複

一開始是只有碰到特殊狀況時才使用心錨，但要讓這樣的加強變成一種習慣。以業務員來說，每天強力運用心錨，重複為學習之母，不斷地給自己正面力量，久而久之，你真的被自己鍛鍊成一個業務高手。

步驟六：將這種正面力量形成循環，運用一生

例如，有一個成功的業務員，他的心錨標準動作就是：右手捶胸口兩次。當他遭遇到挫折時，如一被客戶拒絕，他就做這個動作，重新給自己打氣，意思是「加油，這挫折沒什麼，我是最優的！」

他一做就做了二十年，現在已經是企業總裁的他，每當做任何重大決策之前，一定還是做這個動作，因為這讓他的心境更平和，可以做出最佳的決策。

學習建立心錨

今天起，為你自己建立起長久有效的正向心錨，並且將它逐步融入到生活習慣當中。

你可以準備一本生活紀錄簿，寫下每天所發生的正面事情。接著你會發現，正面的事會越來越多，一些從前被你認為是負面的事，在經過心錨鍛鍊之後，也開始轉為正面。

Q 今天所發生的正面事情：

雙手互搏

手腦並用，持續加強實力

《射鵰英雄傳》裡有一個笨頭笨腦的青年，後來成為全天下最厲害的英雄，他名叫郭靖，得洪七公傳授「降龍十八掌」、又習得「九陰真經」，武功高強，天下無雙。但郭靖武功大增還有一個關鍵，那就是當他被困在桃花島時，與老頑童周伯通習得「雙手互搏」的奇功，等於一人可以同一時間使出兩樣功夫，讓敵人更難招架。

「雙手互搏」，重在分心二用，一般人以為要絕頂聰明的人才能辦得到，殊不知剛好相反，要練此功，最重要的是心境的單純，越是善於算計的人反倒越練不成。

業務高手們要秉性良善，一心為顧客著想，可以運用此招「雙手互搏」及手腦並用的方式，發揮更大的銷售威力。在業務心法上，這幫助你鍛鍊自己成長、也促使業績成長。

前面談了各種鍛鍊心志及培養正確價值觀的方法。

萬變不離其宗，讀者一定掌握到了兩個關鍵字，一是「心到」，二是「手到」。其中包含了培養正確的信念、定義價值觀、建立正向的心錨，這些都是屬於「心到」。至於如何具體落實，包含了透過錄音、照片、音樂，以及建立心錨激勵自己，都是屬於「手到」，也就是「做到」。

本篇要分享更多讓你能心腦合一，以打造成為業務高手的日常訓練方式。

重複的力量，大無窮

天底下沒有真正的天才，所有的成功者都重視「重複的力量」。

不信？問問那些名滿天下的神廚們，難道他們只是會背背食譜、懂得調調火候，就能成為神廚嗎？所有的神廚都會告訴你，他們都是從基本功做起，當你將小事做到熟練，自然而然就會形成習慣的一部分。

一個學徒從削馬鈴薯做起，他天天削、天天削，削到後來只需三秒鐘就能削完一顆，完全成為習慣動作。日後，不論他宰雞、剖魚、切菜末、削肉片都能行雲流水，所謂庖丁解牛的功力，都是從小動作「重複」而來。

國際知名的大提琴手馬友友是如何成功的？也是不斷地重複練習、再重複練習。練習到什麼時候？沒有期限。「重複」已經融入他的生活，只是變得更加快速。

世界第一的業務高手是如何誕生的？也是不斷地重複銷售、再重複銷售。銷售到什麼時候？沒有期限。重複已經成為一種力量，任何時候他都可以自然而然展現銷售的功力。

滴水可以穿石，不因滴水的力量大，而在於滴水重複、再重複的堅持。

號稱世界上最堅硬的鑽石，仍然可以切割，否則如何變成美麗的首飾，戴在美女的手指上呢？而使用雷射聚焦切割鑽石的力道，就是一種專注的力量。所謂「重複的力量」，也就如同這樣的聚焦，也就是專注的力量，當你將這樣的力量聚焦於成功，你就能成功。

在一個業務單位，或者任何一個公司單位，上司總會告訴菜鳥：「一開始你什麼都不懂，問再多問題也沒用，貪多只會嚼不爛。對新人來說，最好的成長方式沒有其他，就是四個字『聽話照做』。」

這所謂的「照做」，就是「重複」的意思，一開始是重複上司或前輩教你的步驟，他要你每天打十通電話，你就打十通電話；他要你每天背下產品的十大優點，你就背下十大優點。你沒有質疑，沒有偷懶，沒有打折，沒有標新立異。一旦重複別人的動作，重複到自己也會做之後，接著就是重複自己「成功的經驗」。

本來打一通陌生開發電話，說沒兩句話，客戶就掛你電話。後來重複上司教你的訣竅，現在可以讓客戶在話筒另一頭多聽你說兩分鐘，才掛你電話。很好，你進步了。繼續重複你正確的部分，再修改過程中你的缺失。

終有一天，換你站上講台教導新人「如何可以像你一樣月入數十萬元、數百萬元？」你得誠實地告訴他，成功之道無他，就是「重複、重複、再重複」。

在《射鵰英雄傳》裡，郭靖習得「左右互搏」，前提是他已嫻熟每門武功的基本功，正因為對每門功夫都滾瓜爛熟，所以當使用「左右互搏」時，才能如本能般地，左手使出一門功夫，右手使出另一門功夫。當基本功不到位時，就只能左支右絀，連施展都有困難，更別談對抗敵手。

每個成功者都有正確的信念，這些信念不是強迫硬記，也不是背誦成功學的幾大法則就能成功，而是要將那些成功觀念自然而然地留存腦中，成為自己思想的一部分，才能稱為「信念」。

當這些正確的信念如同呼吸一般地自然時，就是一個人成功的開始。

所謂的高手，他們做那些一般人覺得難如登天的事，卻像是吃飯、睡覺般的自然。就像電影裡的英雄，身入敵營了，槍槍中標，滅敵如秋風掃落葉。爆破來自於電影特效，但是英雄的氣度卻來自於成功的信念。

而成功的信念無他，還是那句話──「重複、再重複」。

福特汽車創辦人亨利．福特（Henry Ford）曾說：「你相信你能，或你不能，都是對的。」

今天你要對主管說：「對不起，打電話不是我的專長，我無法做電話銷售。」你這樣說是對的，後來你也用事實證明，你真的不能勝任這類工作，因此你只能做月入兩萬元的行政人員。

沒人可以說你錯，因為你的成就來自於你的定義。

今天你對主管說：「我明年一定會成為本單位的業績冠軍。」你這樣說也一定是對的，沒人會說錯。因為後來你也用事實證明，你真的是業績冠軍。

這就像是你去自助餐廳吃飯，你拿著餐盤，要點一份青菜、一個排骨、一個滷蛋、一份炒蛋，師傅就依你的吩咐給你這些菜。你如果要節食，只點一碗白飯，加幾顆青豆仁，師傅也是給你這些菜。

你要什麼，人家就給你什麼。這世界就是這樣。

如果宇宙就像那位師傅，你點什麼菜，就給你什麼菜。

那麼你要點什麼呢？

當然，你要點「成功」、要點「財富」囉！

但是為什麼你點了，宇宙卻沒給你呢？因為你心口不一，你嘴裡說的和心裡想的不一樣。要知道，和宇宙下訂單，不是用嘴巴說，而是要用心念溝通，當宇宙聽到的是你想安逸、想得過且過，他也就照著你的訂單，給你這些東西。

所以，我們要成功，不是要背誦，那是嘴巴的動作。而是要灌入你的潛意識裡，只有當潛意識這麼想，才能發出信念，向宇宙下訂單。

要如何灌輸呢？還是那句話，「重複、再重複」。

也就是，你得要說服自己。

我知道這很不容易，如果一開始做不到，也不用自責。就像是，神廚一開始也是個削一顆馬鈴薯要花十分鐘的肉腳學徒啊！

以下說明如何「重複」：

步驟一：先寫下你的人生十大目標

也就是，寫下你要向宇宙下的訂單，你想要達到的目標或者想得到的東西。

步驟二：一定要用第三人稱表達

如同前面章節我們提過，左腦會過濾第一人稱的目標，因為覺得不理智、不可能，但是如果改用第三人稱來說：「○○○，你會變成千萬富翁。」那就是一種設定，就是一種肯定。

步驟三：適時應用正面心錨

如果有某首歌曲讓你聽了很振奮心情，那就搭配這首歌曲來闡述這十大目標。例如：「洛基」、「堅持」、「再出發」等激勵人心的歌曲。

步驟四：眼到、手到、心到

當你每天寫這十大目標，天天寫、天天看，這是「眼到」和「手到」。搭配音樂，讓這十大目標進入你的內心，那就是「心到」。

步驟五：十大目標要具體

列出十大目標，並且要具體。

例如，「〇〇〇，你會變成一個千萬富翁」，這不夠具體。

「〇〇〇，你什麼時候變千萬富翁？」你要思考，是明天變千萬富翁？還是一百歲的時候變千萬富翁？你要寫成「〇〇〇，你在二〇一六年十二月底結算今年總收入時，會超過一千萬元。」

以上五個步驟，要天天做，重複、再重複。這也是一種自我催眠，讓自己進入成功者的狀態，終有一天，你就會成為那一個你設想的成功者。

運用正面力量為自己加分

如同「左右互搏」的功力，將兩種武功加總，威力無窮。

當我們激勵自己時，也要尋找各種輔助讓功力加乘。

那麼，有哪些力量可以幫我們加分呢？

一、公眾承諾的力量與情境式的督促

前面我們提過，如果業務員在公開場合對全體宣布自己的目標，就會成為一種督促自己要達到目標的力量。

這裡還有一種方式，稱為「情境式的督促」。

例如，我看到一個頒獎場合上，有幾位大師正在接受表揚，會後我會請求與他們合照，然後將這張照片放在我的電腦桌布上，和自己說：「明年，我就會出現在這個頒獎場合上。」

這其實是我的真實案例，我參加「二〇一四年世界華人八大明師大會」時，我與八大明師合照，作為自我勵志。很榮幸的，隔年我真的名列「二〇一五年八大明師大會」的講師陣容，甚至於「二〇一六年八大明師大會」，我仍然名列講師之一，這便是情境式的督促力量。

二、如影隨形的力量

我將自己與八大明師的合照放在我的電腦桌布上，讓我一開電腦就可以提醒自己。因為電腦是我每天都會接觸到的介面，所以我一定每天都會被提醒，每個人都能有提醒自己的方式。

有些孩子做得很好，他在房門朝室內的那一面貼上他嚮往的成功人物海報，例如，貼上麥可．喬登，希望像他一樣積極、上進、了不起。當然，如果只是貼偶像的海報，崇拜的是偶像的外表，那就不屬於成功激勵的範圍了。

現代人生活中最常見的介面就是智慧型手機，因此在手機桌布上放上你想效法的名人，例如，鴻海創辦人郭台銘，或者阿里巴巴創辦人馬雲的照片，都是一種方法。

如果你覺得男生的手機桌布放男性企業家的照片有些奇怪，那麼就放上你的全家福照片，每當你看到照片，想到你的工作可以帶給妻子兒女更好的生活，你就會更加地有衝勁。

可以如影隨形提醒你上進的物品很多，包括你的車子、辦公桌、公事包，甚至你家的廁所馬桶旁邊都可以放上一些勵志的東西。我知道有一位成功的企業家，他在家裡的馬桶旁邊擺了一系列成功人物的傳記。只要上廁所，那些偉人故事就能激勵上廁所的人，今天出門繼續打拼。

三、同好互勉的力量

「近朱者赤，近墨者黑。」

有句話說：「我只要看看你最好的五個朋友的生活型態，就可以想像出你是什麼樣的人。」

成功者一定要和成功者在一起，當然，成功的定義人人不同，這裡的意思是指「願意追求自己更上一層樓的人」。

當兩個人在一起，損友是互吐苦水，互相抱怨，然後一起沉淪。

或者一人往前時，一人卻扯後腿地說：「唉呀，不要那麼拚，今天我們去喝酒。」

成功者要和成功者一起，因為會帶來互相影響的正面力量。當我偶爾垂頭喪氣，想要放棄時，看到朋友仍然那麼拚命，自己也就被重新點燃了鬥志。

像是我們的業務團隊會舉辦「承諾PK」大賽，男女各一組，彼此鼓勵拚業績，如果沒能達到業績目標，男生決定懲罰是「男扮女裝去新光三越走一圈，讓大家笑話」；女生決定懲罰是「剃光頭，有兩個月只能戴帽子出門」。

為了這些承諾，每個人都很拚命，過程當中其實很熱血。我時常看到業務同仁們努力地工作，我偶爾要他們休息一下時，他們會說：「才不呢！我想看女生剃光頭／男生扮女裝的樣子！」他們的拚勁，有時候讓我感動到紅了眼眶。

四、夢想與我同在的力量

世界潛能開發大師安東尼・羅賓（Anthony Robbins）說：「人的大

腦只能裝一件事，不是裝你渴望的，就是裝你恐懼的。」我們當然時時刻刻要將大腦的位置留給「渴望」，而不是被「恐懼」主宰。

在任何時刻都不要忘記可以強化夢想的機會，例如，我去參加自己尊敬的大師演講活動，會後我會想方設法去和他合照，或者也可以和他的宣傳海報合照，我的意思不是只是拍照上傳臉書來打卡炫耀，而是告訴自己「我有一天也要像這位大師一樣厲害」。

有句話說：「如果今天我們沒有設定目標，那麼我們就只能成為別人目標的一部分。」

又有句話說：「沒有夢想的人，只能為有夢想的人服務。」

就算你在還沒有實力的時候，也不能放棄自己的夢想。一開始可以以成功人士作為我們的模仿典範。

以上所列出的力量類型，都是來自於外界，但是透過你的運用，可以將這些力量發揮到最大的影響力，就像是郭靖運用「左右互搏」時，可以發揮加乘的效果。

達爾文所說的「物競天擇」法則，換句話說，就是「弱肉強食」。在商場上，實力弱的會被實力強的敵手吞食掉。在人與人之間的相處，經常也是這樣，倒不是說強者一定會欺凌弱者，而是如果實力不夠強，自己的命運就會遭人主宰。

意志力的戰場，也是弱肉強食的戰場。

如果今天你一碰到挫折，就輕易認輸，或者任務沒達成，就輕易放棄，那就是讓自己屈服於內心的負面勢力。一旦養成了習慣，就會讓內心的負面勢力日漸坐大，最終你就會變成弱者。

那麼，要如何讓內心正面的力量壓制過負面的力量呢？這也是個要不斷地對正面力量加強、再加強，也就是重複、再重複的工作。

你可以運用上述的各種力量，如公眾承諾、同好互勉等方法。但是最主要的力道，還是來自於你自己的正面習慣。

試著每天練習，當碰到挫折時，例如：今天拜訪一個客戶，結果後來沒能成交，試著不要將焦點放在「今天真倒楣、真不順」或者「這個客戶真的很刁難我、很惡劣」這一類的負面思維上，而是要問自己三個問題：

1. 我想要如何改變？

例如，我想要的是「成交」，心中便一直強調「成交」、「成交」、「成交」，讓宇宙聽到你的聲音，就是「成交」、「成交」、「成交」。如果一個人一直想著「我怎麼老是碰到爛客人」，那麼宇宙只會聽到一個聲音，那就是「爛客人」。於是，下回你還是會繼續遇到「爛客人」，因為那是你向宇宙下的訂單。

2. 下一次同樣的狀況，我該怎麼做才會更好？

例如，我該使用另一種說法，才不會讓對方反感；我該針對產品的哪一個特色準備地更充分些，才能講話更有自信等等。

與其浪費時間自怨自艾，不如把時間用在做這些正面修正。

3. 所以，我接下來該如何做？

試著去想，下次該如何做？再進一步想具體的落實方案。例如，「我要去請教主管，如果碰到這樣的客戶該怎麼辦？」、「我要更認識產品，因為客戶問的問題有些我還是無法招架。」

什麼時候做呢？「現在就去做，我現在就回辦公室去請教主管。」

透過這三個問題，讓任何挫折都變成正面的挑戰，甚至是一種樂趣。

就算今天打十通電話都被客戶拒絕，你不但不會垂頭喪氣，反而能激發一種鬥志。我要找出問題的關鍵點，如果是成功的業務大師會怎麼打這通電話？他能做到，我也一定也能做到。這就是正面的力量。

當長期養成心中的正面力量永遠勝過負面的力量，久而久之，這樣的人會散發出一種領袖氣質。

就好比一個人在規劃自己十年之後的願景，另一個人卻還在抱怨今天碰到什麼奧客、下個月的房貸不夠付，要去哪裡借錢等等。這兩個人的格局高下立判。

但是他們絕不是一出生就注定了兩種不同的格局，而是經歷了不同的思維成長過程，一個是重複、再重複的正面思維，到頭來成為頂尖人物；一個則是得過且過地活在負面思維裡，至今仍是過辛苦日子的平凡人。

要如何成為一個每戰必勝的戰士？關鍵就在這裡。

記住，滴水可以穿石。

從現在起，時時刻刻的正面思維，能改變你的人生。

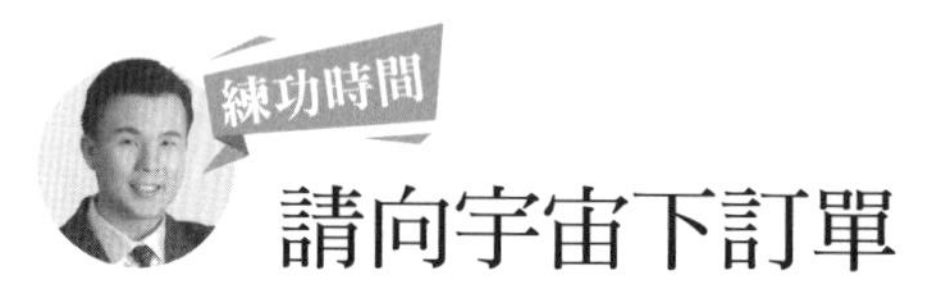

請向宇宙下訂單

Q 你現在心裡在想什麼？

....

....

....

....

....

Q 想的內容是正面思維還是負面思維？

（如果經常是負面思維，就要學會碰到事情時，改往好處想，給自己一天專心實行這件事。這一天無論碰到什麼事，都用正面的話語形容。無論是被老闆罵、被開罰單、被客戶抱怨都一樣，然後開始寫下你的訂單，用正面思維下訂單，要過得更好、更快樂等等，練習向宇宙下訂單吧！）

金剛不壞體

永遠不被打倒，做個最堅強的人

「金剛不壞體」是少林七十二絕技之一，顧名思義，這是一招頂尖的防禦功夫，乃內功極高的境界，可將敵人攻來的招式全部反彈。而另一種「金剛護體神功」也是同樣道理，當練功到登峰造極時，周圍會出現一層無形罡氣，敵人攻來的武器尚未及身，就已經讓這股氣給震開了。

做為一個業務高手，非常需要「金剛不壞體」的功夫，在現代社會，高手要擋的不是弓箭刀槍，而是各種負面的力量，包含了被拒絕、任務失敗，以及種種的成交挫折。唯有一顆夠堅韌的心，才能造就金剛不壞之業務員。

除此之外，要能處在任何情境下內心都屹立不搖，對於追求成功之事非常堅定，若能練就這樣的「金剛護體」，成功人生就等著你了。

什麼數字最大？「0」最大。

任何數字，只要多一個「0」就實力倍增。一個「0」就猛漲十倍，兩個「0」，就猛漲百倍。

「0」太重要了。

但有一個數字不比「0」大，卻比「0」更重要，那就是「1」。

舉例來說，1,000,000,000,000這個數字很大，擁有這個數字金額的人，可以名列世界首富。

但只要把那個1拿掉，就什麼都沒有了，後面有幾個「0」都沒用。

這個「1」就是我們自己，包括健康的身體以及健康的心志。

健康是最重要的，這自不待言。但是即便年輕力壯，身體健康，若有一顆脆弱不堪一擊的心，生活中任何的小挫折都會讓這個「1」倒下，那麼就算擁有再好的學歷、人脈、技術、資金，也不能挽救一個易倒的人。

現在就來練就「金剛不壞體」，讓自己成為人生最強的「1」吧！

你有的企圖心，比你以為的還要強大

有一個故事是：

從前在山中，有兩個部落互為敵對。有一次住在深山裡的部落突襲住在山腰的部落，搶走了很多糧食，還擄走了一個孩子。

部落的酋長號召了許多勇士分頭尋找那個失蹤的孩子，但一方面深山的路徑曲折難走，二方面在敵人的地盤總是受制於人，派出去的幾批勇士們，最後都垂頭喪氣而返。勇士們都表示他們已經盡力了，這孩子不可能救得回來了。

沒想到兩天之後，一個婦人背著那個被擄走的孩子下山了。那婦人不是別人，正是孩子的母親。

大家圍著那母親，很好奇為何所有勇士都辦不到的事，這弱女子卻辦到了？這婦女語重心長地說：「大家都說盡力了，但是其實並沒有真的盡力。因為我是這孩子的母親，我沒有第二種選擇，我唯一的目標就是救回我的孩子。」

這故事給我們什麼啟示？

在生活中，我們也像那些勇士，經常說自己已經「盡力」了，但是其實真的盡了十分力道了嗎？還是原本出一分力，後來再出半分力，就自認已經很努力、很盡力了？

往往成功與失敗就差在這裡，不是差在力量大小，而是差在企圖心大小。

楚漢相爭時，韓信背水一戰，那些士兵除了往前衝，沒有其他選擇。這是韓信運用形勢比人強，強迫打造一支只能拼命往前衝的軍隊。

業務員拚業績，也會有兩種力量逼迫他前進。

一個是「不得不的力量」，如同韓信背水一戰，如果不工作，明天就會流落街頭，或者下個月的車貸就繳不出來了，如此就算要你清晨去敲客戶的門，你也絕對硬著頭皮去做。

然而，被外界逼著往前的力量，畢竟不是正常的力量，總帶點無奈。

如果哪一天大環境改善了，那是不是又要變回老樣子，不思進取了呢？

只有發自內心的堅定力量，才能持久永恆。

有一個業務公式：

目標達成的規模多寡＝企圖心(A)×方法(B)

並且這公式有一個特性，B永遠不會大於A。

當一個人擁有五分的企圖心×五分的方法，就只有二十五分的成就。

當一個人擁有十分的企圖心×十分的方法，就會有一百分的成就。

企圖心為何那麼重要？因為唯有當你「想成功的願望」很大，才能刺激你找出實現這強大願望的方法。若沒有強烈企圖心，那麼做任何事就只是心存僥倖，得過且過。

從古至今，有太多太多原本被認為不可能的事情，卻被某些擁有強烈企圖心的人做到了。

從前的人，要使用很克難的工具，橫渡沙漠，去尋找另一個生存之地。

從前的人，要在一無所有的情況下，努力打下一片江山，好安身立命。

但是在現代，我們可能只要每天認真拜訪十個客戶，勤快地研究產品，讓自己成為客戶最信賴的專家，就可以成為百萬富翁、千萬富翁。而且作為現代人，我們還擁有網路、智慧型手機，以及許多便捷的工具供我們使用。

然而唯一擋在我們面前，讓我們還是無法成功的原因只有一個。

那就是「你的企圖心不夠強烈」，當全世界的人都鼓勵你往前，但是只要內心的你喊一聲：「休息」、「暫停」，終究你還是停在原點。

我常問我的學員：「你想成功嗎？」

大家都說：「想」，但到底有多想呢？

你知道嗎？有兩個人住在同一個屋簷下，另一個人經常拖住另一個人的腳步，這兩個人，一個人名叫「成功」，另一個人名叫「藉口」。

很遺憾，這兩個人經常同進同出，每當「成功」要前進一步，「藉口」就會百般阻撓。

此時只有屋主派人出來講個話，才能壓制住「藉口」。這個屋主就是你自己，而派出來的人就是「企圖心」。

由於這個「藉口」非常強壯，又能言善道，所有如果主人派出來的「企圖心」不夠強，是無法壓制住「藉口」的。所以我們平常就要多多訓練企圖心。

我們知道企圖心不是一說就有的，那些擁有非凡毅力、成就不凡的人，很多人都是從小時候就因環境因素磨練出堅強的意志。

一個已經安逸習慣的人，不是偶爾看幾本勵志的書或者聽幾場演講，第二天就變成一個充滿企圖心的人。只是一時地被勵志演講感動，就像是吃興奮劑一般，持續力很短暫。

要磨練你的「金剛不壞體」，練就你的超強企圖心，就必須從現在開始，時時刻刻要求自己。這是一個持續的過程。

我經常請學員寫下來：

「請列出自己為什麼一定要成功的理由」，至少寫出十個。

如果你寫不出來，那糟了，代表你根本就不想成功，否則為什麼連寫都寫不出來呢？

如果你寫出來了，卻記不起來，那也一樣。

如果你那麼在意成功，怎麼會連成功的理由都背不出來？那些應該早就存在你的生命裡，每天早晚都伴隨著你，如同呼吸、吃飯一樣重要。

如果有一天你不能呼吸了，怎麼辦？同理，如果你忘了為什麼要成功，那等同喪失了你的呼吸功能。

唯有當你磨練到成功像呼吸一般，是每天生活的一部分，這樣的企圖心才足夠強大，這樣的你才能練就「金剛不壞之身」。

因為在成功面前，什麼被拒絕、被客戶冷言冷語、被顧客翻白眼等問題，都是上不了檯面的小阻礙了。

讓大家一起為你加油

也許有人會問：「我想要有企圖心，我也列出了成功的理由了，但是總覺得還是不夠『有力』，難道光有成功的理由清單就足夠了嗎？」

的確，自從人類成為必須依賴團體生活才能生存的物種之後，我們經常被動，需要外界的力量推你一把。我們不僅要擁有成功的理由，並且要有人說服你，刺激你繼續往這條成功的道路走。

那麼該怎麼做呢？有幾個方法，如下：

一、把成功的目標說出來

我鼓勵我的學員站在全體學員面前說出自己的目標。

就好像我們早晨要早起，就要設定鬧鐘提醒你起床一樣。我們要追求成功，也可以設定讓「眾人」提醒你。當時間到了，鬧鐘會響。而當你在追求成功時，眾人也會有回應：「加油！」許多公司也喜歡採用這種方法，讓業務員在眾人面前許下承諾。

另一種方法，就是在臉書或者部落格上許願，發文說出自己要達成什麼目標。

這方法非常有效，有韓信背水一戰的效果，每當你想偷懶了，就會想到這個月目標還沒達到，我會被眾人如何看待？這樣我如何在人群中立足呢？

除非一個人練就「厚臉皮功」，寧願被嘲笑也不想加把勁追求成功，否則透過眾人的力量督促自己，是一種相當有效的方法。

二、記錄下來，每天提醒自己

透過眾人的力量很有用，但我常說「天助自助者」，一件事若要依靠外力，仍非上策。最佳的方案，還是要自己督促自己。

怎麼做呢？

以我來說，我會把我列出的十大成功理由，做成一張精緻的小卡，放在包包裡，每天都看得到。

當我碰到挫折想要放棄時，就打開包包，拿出那張紙念一念：「當初你是怎麼承諾的？難道現在要放棄嗎？」、「不能，我不能放棄！」

於是我繼續努力。

當我又成交一筆訂單時，我也打開包包，看著這十個理由，告訴自己我努力做到，離成功又更進一步了。

三、催眠的力量

催眠不一定要具備專業的催眠技巧，這裡指的催眠，就是要不斷提醒自己「我一定能成功，我一定能成功」。

要知道，成功的人具備一種強大的成功氛圍，他有著自信的眼神，全身精力充沛，那種形象，絕不是自我喊喊「我會成功」就可以演出來的。

然而，當我們今天說，明天說，後天也說，我們天天對自己說「我會成功」，所產生的影響力就不能小覷。

不是有句話說「三人成虎」？第一個人說有老虎，你不相信，第二個人說有老虎，你半信半疑，第三個人說有老虎，你就準備轉身逃跑了。一個原本長得漂亮的人，如果做一個實驗，讓每一個經過她身邊的人都說一聲「妳今天怎麼那麼沒精神？」、「妳今天髮型看來很邋遢」、「妳怎麼氣色那麼糟啊？」一個人說、兩個人說、三個人說，到最後這個原本漂亮的人也開始心生懷疑了，一照鏡子，自己還真的越看越醜了。

信念是種強大的力量，若能用在正面，就會形成強大的助力。

這裡分享一個四階段的自我催眠，加強信念，讓自己就算本來不成功，也會因這樣自我催眠，逐步朝成功方向邁進。這也是知名心理學家馬修・史維（Marshall Sylver）提出的四步驟：

1. 想像是
2. 假裝是
3. 當作是
4. 我就是

這四個步驟，一開始是自我催眠。例如，想像自己是個帥哥，走在路上，受到眾多美女行注目禮；自己是一個成功企業家，當走進一個聚會場合時，所有人都對你投射出崇拜的眼神。

不斷地做這樣的自我催眠，不只是腦中幻想，而是自己的一言一行開始朝想像中的成功企業家走。假裝自己是成功企業家，那麼你該如何談吐？如何應對進退？你會如何拜訪客戶？如何成交生意？

假裝是企業家，到後來你已非常「入戲」，已經把自己當成是企業家，就像企業家一樣說話充滿自信，用積極的態度生活，也像企業家一般賺很多的錢。

到後來，你不用把自己當作是企業家了，因為你「已經」是企業家了。多年前你曾「想像」你想達到的境界。

恭喜你，現在你已經達到這個境界了。

我們不知道這世界上是不是真的有一門功夫叫做「金剛不壞之身」，但我們相信，一個成功的業務員打造自己堅強無比的企圖心及成功信念，這樣的人，就擁有「金剛不壞之身」。

請想像你是個成功的人

你的偶像是誰呢？你想成為的成功人物是什麼樣子的人？若現實生活中沒有明確的對象，電影裡的人物也可以，但一定要是你所屬行業之中的正面形象。

Q 你的偶像是誰呢？

....

....

....

Q 你想成為的成功人物是像什麼樣子的人？

....

....

....

....

....

....

....

....

....

....

（當然，一開始先從「想像是」做開始，以後再來逐步加強。）

Q 想像是

....

....

....

....

....

....

....

Q 假裝是

Q 當作是

Q 我就是

吸星大法

學習正面力量，舉一反三更強壯

在《笑傲江湖》和《天龍八部》兩套書中，有一種很酷的武功，都是能吸取別人的內力變成自己的功力的。前者叫做「吸星大法」，是日月神教任我行縱橫江湖的絕技；後者叫做「北冥神功」，算是「吸星大法」的前身。二者都聽來很不可思議，簡直可以坐享其成，一個人可以使用這招，就把別人辛苦練成的功力吸納而去。

在現代社會，也常將「吸星大法」改成吸金大法，用來描述一些金融機構的負面作為。

但其實「吸星大法」有一點很重要，那就是自己的功力一定要足夠，才能使用此法，否則當面對功力更強的敵人時，自己會被內力反噬。

作為一個業務高手，人人都需要學會「吸星大法」，但現代「吸星大法」的特點是，當自己加強實力的同時，卻不會減損對方的功力。就如同老師授課一樣，大家學問增加了，老師的學問不但不會減少，透過教學相長，智慧還會增進！

武俠小說談內功，其實專業的業務員也有內功。

這種內功不是什麼掌力、內勁、氣功之類，而是指「影響力」。想想銷售這件事，其實銷售就是一種影響力，當商人成功把商品推銷給消費者，就代表著其影響力發揮效力，讓消費者接受了這種影響力。

影響力的應用方式很多，最常見的就是說服力。業務高手為何業績較好，代表著他說服力夠強，可以影響別人。

所謂「大能量影響小能量」，業務高手擁有大能量，所以可以不斷的對小能量產生影響力。

但全世界所有的業務高手都不是與生俱來的，他們的影響力絕對都是靠後天培養而來。

那麼該如何快速培養呢？就是要應用「吸星大法」，努力地吸收專家力量。

要有高格局，才能有好結局

說服，說服，什麼是說服？

就是指一個影響力大過另一個影響力。

但我們第一個要說服的人是誰呢？

不是別人，正是自己。

就好比「吸星大法」，我們要出招的人本身功力夠強，才能讓此招發揮功效。我們要建立自己的說服力，就要先加強自己的實力。

使用吸星大法的兩個根本為：

一、自己懂得越多，才能吸收得越多

就好比如我們上英文課，如果連基礎的音標及二十六個英文字母都背不起來，就想學英文文法，那就算我們學習的對象是世界頂尖的英文文法老師也沒有用。老師的做法一定是要你回家先背好字母，再來談進階。

我見過許多年輕的業務員，很積極、很主動，喜歡問一堆問題。一開始以為他們很認真，正想為他們喝采，後來才發現他們只是想投機取巧，不做好基本功，以為和前輩請教就能一步登天。問的問題，許多都讓前輩

聽了哭笑不得。

如果基本功不紮實，以為好學好問是美德，這就是錯誤的想法，那樣的「吸星大法」只是浪費彼此的時間。

二、要有足夠自信，才能有效吸收

前面說過，要說服別人就要先說服自己，否則你想用「吸星大法」，不但吸收不到東西，反而對自己有害。

一個自己內心存疑的人，想銷售商品給客戶，就算表面上裝得一副很專業的樣子，最終還是會被客戶看破你的空虛。一個自己都不相信自己產品的人，也就是自己都說服不了自己的人，客戶為何要相信你？

而一個對自己沒有自信的人，就算想去吸收有用的東西，也會因為自己氣勢太弱而效率大減。一個有自信的人，做了專業的學習後，能夠舉一反三，將理論用在自己的領域。一個沒自信的人，學習只會照單全收，在自卑情結下，一方面自嘆不如，一方面對所學也半信半疑，覺得「用在別人身上可以，用在自己身上可能不適用。」這就會事倍功半。

如何善用「吸星大法」？如何先建立自己一個更強的本質？這裡要談到一個容器法則，以及溫度計法則。

容器法則

想像一個人是一瓶水，像可口可樂的寶特瓶大小，那可以裝多少水呢？答案是就算「裝滿」了，也只有750c.c.，再滿也裝不下去了，如果一個只有一瓶水容量大小功力的人想用「吸星大法」，那只可能讓自己爆炸，也無法擁有更多的功力。

但他若擁有水桶程度的功力呢？那容量就大多了；如果擁有浴缸程度

的功力呢？那容量不知道是寶特瓶的幾十倍、幾百倍了。

一個人可以成為什麼樣的容器，這就是所謂的「格局」。

先談「格局」，再談可以做到什麼實力。

溫度計法則

什麼樣的溫度才是最舒適的？人活在世界上，要在一定的溫度下才能存活，太冷太熱，都會依照一個標準感覺產生感受。

這是指「氣溫環境」，但是如果這個溫度計是「財務溫度計」呢？每個人都有自己的財務溫度計。

你有沒有發現，一個每天在為22K薪水爭辯要加薪多少的人，他們的財務溫度計就是設定在兩萬元、三萬元上。他們生活的內容、交往的朋友，也都是在這個消費範圍內。

一個上班族，他的月收入設定在四萬元到六萬元之間，他的財務溫度計就是在這個範圍。同理，一個財務溫度計設定在十萬元，設在五十萬元，和設在一百萬元的人，他們溫度計的範圍不同，生活也都大大不同。

這裡沒有財務歧視的意思，也不是說有錢人比較高尚。但是財務溫度計不同，生活的環境視野就自然不同。

百萬溫度計的人，每天會和百萬溫度計的人交流，談的是如何成交更大的生意。五萬溫度計的人，每天也就和五萬溫度計的人交流，談得是下班後去哪裡喝酒，批評老闆如何虐待員工等等。

溫度計必須調升，生活才會改變。如果一個人不調升溫度計，那他的財務溫度就會停留在那裡，就算今天領年終獎金收入變多了，下個月又會把錢花掉，恢復到原本的溫度範圍裡。

這也是一種格局。

不論是容器法則，或者溫度計法則，其背後的意義都是做人的格局。

格局決定布局，布局決定結局。

因此要提升人生，就要先改變格局。

那麼，在使用「吸星大法」前，該如何增進自己的格局呢？

想想，一個寶特瓶，要如何變浴缸？第一要改變自己的價值觀，第二要改變自己的態度，當自己跳脫寶特瓶思維時，才能轉換成浴缸思維。這個過程不是一蹴可幾的，先從寶特瓶換成桶裝水，再由桶裝水換成浴缸，一步步提升。

溫度計的調升也是一樣。

有句話說，要讓自己跳出「舒適圈」。

許多人一方面抱怨自己的收入太少，一方面又在行動上表現出甘之如飴，為什麼呢？因為他們只會嘴上抱怨，生活模式卻仍保持在原本的溫度設定裡。

真正要挑戰新的溫度怎麼做呢？例如，我現在每個月收入五、六萬元，我要跳級成十萬、二十萬元，怎麼做？沒有人阻止你，唯一阻止你的是你的安逸態度。如果願意讓自己接受挑戰，去做業務工作，去面對拒絕，去嘗試一對一銷售，不要夢想著坐在辦公室混完一個月，就等領薪水。

只要態度改變，財務溫度計就會改變，人生命運就會改變。

提升自己格局，調升財務溫度計

改變格局要靠自己，但只靠自己成長有限，人人都要有導師。

善用「吸星大法」，可以提升自己的實力。我們先改變自己的格局，然後當自己夠格可以接受導師的智慧了，就要時時保持學習的精神，廣納

大師的智慧。

教練級數，決定選手表現。

只有「世界第一」，才能教出「世界第一」。

如果你從事的是西點麵包產業，你可以學習吳寶春的精神；如果你在交響樂團工作，那麼托斯卡尼尼可能是你的偶像。

不論如何，我們要設立一個典範在面前，作為我們學習的對象。好比如說我們瞄準標靶，就算不能射中靶心，至少還是可以射到外圈。我們找業界第一名的人作為偶像，就好像在我們面前設立一個明確的標竿。

假定世界頂尖業務高手年收入幾千萬美金。我以他為目標，雖然沒辦法做到年收入幾千萬美金，那是不是至少可以做到年收入幾千萬台幣？

成功人物的格局一定是不一樣的。

想像今天你有機會和郭台銘共處一室，你要和他聊什麼？要和他聊兩、三萬元的生意嗎？這想法你自己也覺得可笑，因為人家是動輒談幾億元、幾十億元的案子。但如果你要和他談幾億元的案子，你談得出來嗎？你有這麼大的格局嗎？

不要氣餒，成功不是一蹴可幾，所以要一步一步擴展自己的格局。

今天你如果和郭台銘共處一室，無力和他談生意。那麼目標放小一些，如果你和街頭巷尾的全聯或超商店長談生意，你可以談嗎？要談什麼？再逐步放大，你和你所在的鄉鎮區長談合作，你可以談嗎？要談什麼？

想像自己有很大的願景，把自己的格局放大，自然而然你的思慮會放大，會更具前瞻性。我們也許很難真的有機會接觸到郭台銘等首富，但不妨礙我們可以接觸他們的思維。

我鼓勵我的學員們經常看成功人士的雜誌。時間有限，同樣的時間，你用來看八卦雜誌，那你就只能是街頭巷尾和人聊八卦的格局；同樣的時間，你用心吸收財經情資，了解各大企業的脈動，世界經濟局勢，你就擁有更寬廣的格局。

我們也要設立出自己的偶像。

不是影劇界的明星偶像，而是成功人士偶像。當然，影劇界也有很多成功的典範，如劉德華、周杰倫，只要你可以學習他們的成功之道，而不是把焦點放在他們的外貌或作品，那同樣具有指引效果。

我常對學員說，

只要告訴我，你的偶像是誰，我就知道你大概是什麼樣的人。

一個以德蕾莎修女為偶像的人，絕不可能沉淪吸毒；一個以甘地為偶像的人，也絕不可能崇尚暴力。人們會以他們的偶像作為學習對象。

你有成功學習的偶像嗎？如果沒有，我建議你列出幾個。

當然，你也可以說你對自己很有自信，覺得自己就是最好的人。很好，我喜歡有自信的人，但好還要更好，一山還有一山高，為了不要故步自封，我們還是列出幾個可以學習的典範，如下說明：

步驟一：列出五個成功者作為學習典範

以我為例，我列出的五個學習典範是：梁凱恩、馬雲、安東尼．羅賓、郭台銘、劉德華。

從這五個之中，我再挑出最崇敬的三個成功者。

步驟二：列出這三個成功者的特質

你為什麼會尊敬這三個人？他們擁有什麼特色。

請你不只想像，要真的拿筆寫下來，邊寫邊思考。

步驟三：整合成功者的特質

為什麼我崇敬這三個人？他們的共通特色是什麼？

例如：都很會演說，都具有透過演講影響人的魅力；都很注重目標管理，目標說到做到。

都很重視社會公益，致富之餘一樣對社會作出貢獻。

當你能夠清楚列出來，這些人才是你真正的偶像。唯有成為你真正的偶像，才能變成你的導師。「吸星大法」，就是要吸收這些偶像的智慧。

怎麼做呢？就從生活每個細節做起。

今天我們打一通電話被客戶拒絕了。想想，如果我是梁凱恩，我會怎麼做？我會因為一通電話被拒絕就垂頭喪氣，然後一直沒情緒工作嗎？我的偶像是這樣的態度做事的嗎？如果不是，那我是不是要打起精神，繼續努力。

如果我的偶像代表一百分，那麼我現在才不到十分，還有九十分的成長空間，加油、加油。

這就是「吸星大法」，透過成功偶像提升自己實力的方法。

安東尼．羅賓曾說：「要複製一個人，有三大步驟：一是思考邏輯，二是策略，三是肢體動作。」

例如，我以梁凱恩老師為我的學習典範，我會深入研究他的書，學習他的成功致富之道，了解他的成長方法。並且，我也透過錄影帶，甚至親自上他的課，學習他的肢體語言，讓自己說話更有自信，更有魅力。

也感謝梁老師的教導，讓我「吸星大法」功力大增。

除了透過偶像調整自己格局之外，我們還要調整自己的財務溫度計。要如何調升自己的溫度計，讓自己的功力更增加，也讓自己的「吸星大法」更上一層樓呢？

那就必須做到以下「四到」，如下：

1. 知道
2. 悟到
3. 做到
4. 得到

這四個環節，每個都很重要，少了一個環節，結果就不同。

知道

這是最基本的、最簡單的，如果根本就不「知道」，也就不會有任何行動。會翻開這本書的讀者們，都至少來到「知道」的層級，也都是有心想要提升自己的人。

但這世上，「知道」的人多，但「悟到」的人少，「做到」的就更少了，也因此「得到」成功的人很少。

悟到

看完一本書，聽完一場演講，也許你「知道」了，但不一定「悟到」。

「悟到」，是一種內心的境界。當我們看一本書，讀完了，認為自己懂了，這只是「知道」，只有當這樣的「知道」帶給你的心深刻的感受，讓你真的想做點什麼，這才是「悟到」。

我最尊敬的講師前輩梁凱恩老師，他曾寫一本書叫做《我受夠了》，那時，他就是「悟到」了。

做到

從「悟到」到「做到」，中間又有一段距離。

不是有句話是「世界上最遙遠的距離」嗎？我認為世界上最遙遠的距離也能說明這件事，那就是你明明知道一件事很好，很重要，明明已經站在通往成功之路的入口了，但最終還是沒「做到」。

太多人聽了勵志演講後，感動落淚，覺得自己應該改變，然後呢？第二天還是一樣「一切照舊」。為什麼會如此？主要是人的惰性使然。所以「做到」真的是突破自己的一大關卡。

得到

當你「做到」了，不一定「得到」，但至少你開始做了。也許一次失敗、兩次失敗、三次失敗，只要持續向上，終究會得到。

試著調升自己的溫度計

Q 你現在的財務溫度計是幾度呢？是三萬元、五萬元還是十萬元？

....

....

Q 那麼，你又想要達到怎樣的度數？是二十萬元、五十萬元、一百萬元還是更多？

Q 如果要達到新的度數，你必須突破哪些舒適圈呢？

Q 你要做出什麼樣的改變呢？

（以上請仔細思考，並列出你想要的作法。）

千里傳音

用好名聲打造長遠的行銷力

武俠小說中有很多的招式都令人覺得神奇又有趣。在現實生活中，不論古今中外都沒有真正那樣的功夫，好比如說「降龍十八掌」或者「乾坤大挪移」。但有的招式卻是現實生活真的有的，只是現代人要靠工具，武俠人物卻是靠著神妙武功即可做到，例如「千里傳音」。

在《射鵰英雄傳》裡，一燈大師便有這等上乘內功，透過「千里傳音」，用內力把聲音傳送給黑龍潭的瑛姑，而且聲音清晰，如同本人就在身旁說話一般。

在現代社會，「千里傳音」是非常重要的功夫。不是單指講手機或電腦傳訊，而是指將好的名聲傳遞出去。以企業來說，就是品牌；以個人來說，業務員也是一種品牌，做好這個品牌，客戶自然會口耳相傳，讓你的生意更加興旺。

現代社會，人人都需要懂行銷。

就連可口可樂、麥當勞這些婦孺皆知、全球聞名的企業，每年都仍然要花千萬以上預算來打廣告。

我們經常看各行業的業務人員，似乎越是資深的專業經理人，越是有忙不完的案子，拜訪不完的客戶。強者越強，弱者恆弱，為什麼會這樣呢？這其實是一種努力的報償。

當一開始投入業務工作時，沒有人脈，也沒有經驗，每天打一百通電話，有九十九通都被拒絕。剛開始半年的業績少得可憐，但當你的努力突破一個臨界點之後，不論是經驗或者實際業績都會開始快速成長。

原因就在於影響力有著加乘效果。

這加乘效果來自兩方面，一是你的個人魅力及信譽，二是你的人脈網絡效應。

 我就是獨一無二的品牌

品牌，是打造出來的。

雖然這世界上也有世襲的品牌，例如，富二代繼承家業，成為知名的集團總裁。但是，就算是富二代，也唯有經過良好磨練，行為舉止或經營策略都獲得商界認可者，才能得到尊敬。

人人都可打造自己的品牌。但是在那之前，有一個很重要的信念：

過去不等於未來。

曾經有一個卡車司機，怎麼看都不像會成為世界名人，但是他後來出道風靡全球數十年而不衰，甚至可預計百年後，他仍然名留青史，這個人，就是貓王。

曾經有個女孩，翻開報紙都有對她嘲笑的聲音，有人批評她外表這樣平凡也想當歌星，有人毒舌說她五音不全，是十大爛歌手。結果現在她是華人世界數一數二的國際巨星，這個人，就是蔡依林。

香港巨星周星馳，好萊塢大明星席維斯史特龍，台港明星羅志祥，也都曾經是個沒人在意的跑龍套小弟。

任何人都不能用過去來限制自己的未來。

對成功者來說只有一個共通的信念，那就是：

沒有失敗，只有暫時停止成功。

對於業務員來說更是如此，在業務字典裡沒有「失敗」這個詞，只有「繼續做」，或者「放棄」兩種選擇。

其實人生也是這樣，只有「不斷地努力」以及「放棄努力」兩種。而跌倒不被定義為失敗，跌倒幾次都沒關係，最重要的是：

你最後一次跌倒有沒有站起來。

當一個人跌倒之後再爬起來，又跌倒，又再爬起來，這整個過程都不會是做白工。

就好像愛迪生發明電燈炮，很多人問他，你嘗試了那麼多燈絲都失敗了，你還要繼續做嗎？愛迪生回答：「失敗？我有失敗嗎？我不是一次又一次地證明，有什麼材料是不適合做燈絲嗎？」

沒有失敗這回事，跌倒的人都要像學習愛迪生這樣的思維：

假如我沒有得到原本我想要的，那代表我將得到更好的。

個人品牌的建立，就是像這樣累積，終究會得到。

試想，如果每「不成功」一次就放棄，那臺灣不會有7-11，因為7-11是經營到第七年才開始獲利的：世界上也不會有飛機，因為飛機的發展史，是一連串的飛行失敗史累積至今的。

一個屢敗屢戰的人能獲得尊敬，屢戰屢敗的人就要被檢討了。差別在於前者是跌倒之後，再站起來再奮鬥。但請記住，有句話，在哪裡跌倒，就從哪裡爬起來，這句話沒錯，但是「在哪裡跌倒，就從哪裡再開始」，這句話可能是錯的。因為跌倒最重要的意義，就是告訴我們這樣做是錯的，如果明知道錯了，還不斷地選擇那段路繼續走，就好像愛迪生用某種金屬實驗，確認不適用做燈絲，下回卻仍堅持用這個錯誤的燈絲繼續做實驗，這不是擇善固執，而是頑固不知變通了。這樣的人屢戰屢敗，就不值得鼓勵。

但若是屢敗屢戰，每一戰都累積了新經驗，這就是值得喝采的人。

當我們在這樣的過程中，有一個肯定會有的報酬，那就是累積你的品牌力。

以我為例，我曾經努力去談一個客戶，最終的結果，那個客戶因某些因素沒辦法購買我的產品。但我和他成為好朋友，幾年之後，透過他的轉介紹，我多成交了五個新客戶。

所以你說我是失敗還是成功呢？

以賣產品來說，當初我和這個客戶的交易，算是失敗的；但是以賣品牌來說，「我」這個品牌成功了。

客戶們讚揚我的認真態度，肯定我的親和力，也都一致覺得我是個誠懇的人，他們用行動來支持我，這個行動不一定是買我的產品，而是將「我」這個品牌分享給他的朋友。

於是「我」的品牌，透過「千里傳音」的招式，讓更多人知道。

也因此，我很珍惜我的人生經驗，絕不糟蹋自己這個品牌。如果一個人覺得自己私生活放蕩，行為不檢點沒關係，他就是在糟蹋自己這個品牌；如果一個人覺得做事馬馬虎虎就好，每天只要混到下班領薪水就行，那他就是在做爛自己這個品牌；如果一個人做事輕言放棄，每天沒自信也不願意積極改善信念，那他就是宣布自己的品牌倒閉。

請記住：

每個個別成交都只是單一個案，但「自己」這個品牌卻要經營一生。

我的前輩告訴我，成功者有三個必須做的事，那就是：

1. 成功者必須做別人不願意做的事情
2. 成功者必須做別人不敢做的事
3. 成功者必須做別人做不到的事情

為什麼要做這些事？因為你是個頂尖的品牌。

為什麼香奈兒、LV、范倫鐵諾這些品牌可以賣那麼貴？因為這些品牌認為自己值得高價，而世人也認可它們的高價，這就是品牌的價值。

當我們和律師談話，在正式場合從第一句話開始，他們就會開始計時。他們知道自己的專業是很有價值的，知道自己是昂貴的。就好像你手中拿著LV包包，你不敢隨手亂扔，不照看好。那你對自己這個品牌，又怎能隨隨便便，任自己浪費時間，用錯誤信念來踐踏自己呢？

今天起，告訴自己「我是昂貴的，我是個頂尖的品牌。」

你的形象將代表一生的成就，透過「千里傳音」，遠遠地放送出去。

打造人脈網，打造事業網

「千里傳音」，在商品來說，就是廣告與口碑；「千里傳音」，在個人來說，就是人脈與信用。

人脈是一種資源，每個人都有三層的人脈網：第一層，家人及親朋好友；第二層，認識你的人，也就是你的人脈圈；第三層，廣大的陌生人。

一個優秀的業務員，會努力拓展第三層的人脈網，讓第三層的人變成第二層的人，第二層的人又變成第一層的人。

當然，時間有限，我們不可能和全世界的人交朋友。因此，我們主力還是放在第二層。對第二層的經營，則貴在交心，所謂細水長流的關係，不用天天聯絡，特別是在現代社會臉書及網路那麼發達，透過臉書也可了解朋友近況。

一個成功的業務員有許多第二層的朋友，這些朋友都是認同他的理念，認可他的誠信，知道若有需要，他們隨時可以透過服務找到他。對於社會新鮮人或者是仍在努力往上奮鬥的人來說，這些第二層的人，許多都是自己的貴人，他們包括了那些願意給你指引的長官前輩、願意為你打氣的各行各業朋友、願意認可你服務品質，給你生意機會的客戶群，以及平常不常聯絡，但你知道他總在那邊的廣大守護者。

一個好的業務員，珍惜這樣的人脈圈。

他們絕不與人交惡。

某個人每次都不願意跟我採購商品，我不但不恨他，還非常感謝他。因為他成為一個激勵我的指標，讓我願意再加把勁，希望有一天可以讓他喜歡我的服務。

某個人不但不買我的商品，還多所惡言。我也不會恨他，他的存在時時提醒我，我有很大的改善空間，我對他感謝都來不及了，怎麼會恨他？

某個人是我的競爭者，他的存在，讓我的業績被搶走很多，我也要謝謝他，因為有這樣的競爭，我才能時時戰戰兢兢，不敢懈怠。他是我尊敬的敵人，我很榮幸我有這樣的敵人。

某個人曾是我員工，後來背叛我；某個人曾是我朋友，後來背後說我壞話；某個人曾經愛用我的產品，後來棄我而去，轉投其他廠牌懷抱。

我不恨他們，我也都感謝他們，不論是透過正面力量或負面力量，他們都帶給我人生許多寶貴的經驗。

前輩們常說，青山不改，綠水長流。不要與人交惡，說不定哪一天，今天的敵人卻是未來的貴人。每放棄一個人，就放棄一個未來可能的機會。

除非是牽涉到法律詐欺甚至刑事案件的事件，否則我們不需要痛恨一個人。因為每當你心中有恨，對方不一定感受得到，但直接受傷的人，肯定是你自己。

我珍惜我的人脈圈，因為他們大部分是我的貴人，因為這些人脈的關係，我的事業可以越做越大。

那麼對於一個新人來說，要如何讓自己貴人多多呢？

我經常告訴他們，要常問三個問題。

一般人錯誤的思維，當看到一個客戶時，就會想要「讓他買東西」，因為他可以幫「我」創造業績；當碰到一個有錢人或者專業人士，就會想，要如何讓他可以帶給「我」好處。

當這樣想的時候，雖然只是在內心想，自以為別人看不出來，其實人與人之間的感覺是很神奇的，就是有人可以感受到你的「不真誠」。或許他們說不出所以然覺得你哪裡不對，但就是覺得不想跟你合作。

當然，人人都需要幫助，特別是在社會奮鬥還處於弱勢的新人，自己可以提供給別人的少，需要得到別人的幫助多，但在與人應對時，還是要懂得站在對方的角度思考事情。

真正的貴人養成術，要問自己以下三個問題：

一、你要完成一個目標，誰能幫你？

做任何事都要問這一個問題，這不是自私，而是符合實際。

例如，你想要達到本月業績一百萬元，你可以列出誰可以幫你的清單：

主管，他可以教導你正確的業務技巧；

前輩，他可以分享你他成功的經驗；

擔任某協會會長的好友，你知道他的人脈廣，也許可以幫你引薦客戶。

接著一定要問第二個問題：

二、他為何要幫我？

這點很重要。如果你只是一味地想利用別人，那任何人都不願意幫你。就算幫你一次，也不願意幫第二次。

想想他們為何要幫你？

主管願意幫助我，因為把我訓練好，團隊的業績會提升；

前輩願意幫助我，因為我態度誠懇，願意好好跟他學；

好友願意幫我，因為我的產品夠好，也真的可以服務他的客戶。

最後要問這個問題：

三、你自己要做什麼，對方會幫你？

通常你需要做出一定的付出，但不一定是對等的付出。

畢竟友情不是買賣，是買賣就不真誠了。但要人家幫忙，一定要表現出誠意。

主管願意幫你，因為你真的很用心在拚業績，對他來說，你的踏實工作精神就是對他最好的回饋；

前輩願意幫你，因為你也真心地以尊敬的心對他，你對他的尊敬就是最好的回饋；

好友願意幫助你，可能有多個面向，因人而異。有人願意幫你，因為知道你將來也會幫他；有人願意幫你，因為覺得你是個值得長期來往的好朋友。

最後，也是最重要的，在問以上三個問題的時候，也要時時想著一個問題：

我有什麼可以幫助對方的？

一個能時時把這件事記在心上的人，一定能擁有最多的貴人。

時間會證明一切。

每一個頂尖業務員都是從菜鳥新人開始做起，他的廣大人脈絕不是一夕之間冒出來的。

試想，如果某個業務員在他多年的銷售過程當中有做生意不老實的前科、有對朋友不誠信的先例、有任何負面的名聲，那他還能成就他如此廣大的客戶群嗎？

要知道，不論好事壞事都會傳千里。

「千里傳音」，可以傳好名聲，也可以毀了你。

讓我們打造自己成為一個值得信賴的品牌，如此，當你的人脈網越來越寬廣的同時，你的成功基石也更加深厚。

請描述「你」這個品牌

如果你是一個品牌，你的特色是什麼呢？請你仔細省視自己。

Q 你是碰到挫折就退縮的人嗎？是的話請列出來，然後做為改善品牌的依據。

Q 你是說話沒誠信的人嗎？是的話請列出來，然後做為改善品牌的依據。

Q 你這個品牌有什麼缺點呢？列出來，然後做為改善品牌的依據。

Q 請畫出你這個品牌的人脈圈。

（分三層，並思考你和這三層人脈圈的關係）

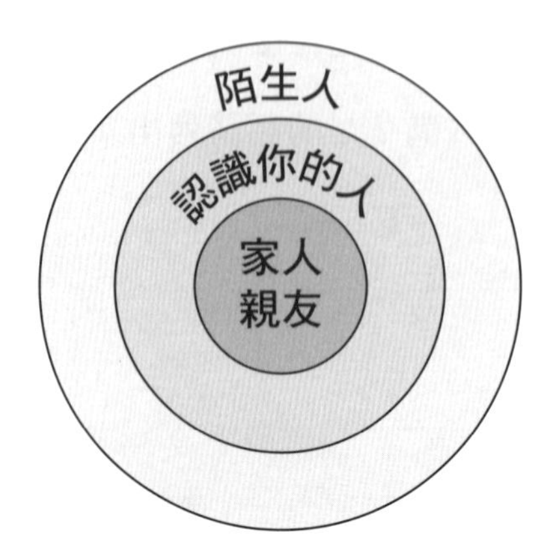

如何經營關係？

Q 最後，想想你的人際互動有什麼需要改善的地方？列出來，做為改善你人際關係的努力。

第十招

以靜制動，無往不利的業務高手

以慢打快、以靜制動，「太極拳」在武俠小說《倚天屠龍記》裡是武當宗師張三丰於年過百歲後悟到的一個上乘武功。在現實生活中，「太極拳」也已經是東方文化的代表之一，全世界都在學習這個具豐富內涵的武術國粹。

當然，現代的「太極拳」以養生為主力，武俠小說中的「太極拳」則是一門精微奧妙的武功，講究形神合一，純以意行，最忌用力。拳勁首要在似松非松，將展未展。

作為一個頂尖的業務員，要做到一個境界，以靜制動，純以意行。面對不同的客戶，要如行雲流水般的自然流暢，就能輕輕鬆鬆創造好業績。

終於，我們來到業務內功心法的最後一章。

若能依照我在本書中分享的來自各業務專家多年來匯聚的智慧，那此刻的你，一定是個既有自信，又擁有清楚的願景、目標，能夠確立正確價值觀和信念，永不放棄，正朝成功之路邁進的準業務高手。

在我們開始學業務外功之前，再來統合一下修煉自己的重點，並調整自己對外的儀態，做好面對新客戶、新人生的準備。

形塑你的成功者氣質

當你的思維改變了，整個人的氣質也就改變了。

一個對未來沒有什麼想法，只等著命運引領他的人，和一個有自己的目標理想，每天積極創造自己命運的人，其散發出來的氣場絕對不一樣。

人生難免會有低潮，就算是頂尖的業務員也難免有很高的不成交比率，或者遭遇生活中的各種人際衝突、不愉快，或者收到罰單、碰到塞車誤點，甚至生病、各種突發狀況等不如意。

能夠在平順時刻保持樂觀，這本就應該做到的。

能夠在遭遇不順時，還能夠堅定正面意志，這便是需要長期加強的。

如何讓自己時時保持在巔峰的正面心境，安東尼．羅賓告訴我們，你永遠要跟有結果的人學習，找有結果的人做教練。

學習是一輩子的事，永遠保持著謙虛的心，讓自己和更強的人學習。以他們為典範，心存正念也心存謙卑，這樣的人當處於順境時本就不會驕傲自滿，碰到逆境不順，也會有一定的低潮抵抗力。

在日常生活中，常保正面態度及形象，有以下三大重點：

一、聚焦你的注意力

注意力在哪，結果就在哪。

本書前面分享過，包含正面心錨的建立、積極信念的養成，對自己提出正確的問題，這些都是強調注意力的重要性。

如同滴水穿石，雷射切割鑽石，我們要強調，專注、專注、再專注。

想成為成功的業務高手，年收入破千萬，就要聚焦這件事——「我是業務高手」、「我要年收入千萬」、「我是業務高手」、「我要年收入千萬」……

專注就是專注，不能再心想「我做得到嗎？」、「經濟不景氣，我還是別逞強」，如果想要目標不達成，方法有幾萬、幾千種，要放棄非常容易，甚至客戶的一個皺眉都可以讓你打退堂鼓。而要戰勝「放棄的念頭」，只有專注，再專注。

當然生活中有很多不如意，我們必須學會「抽離」和「結合」。

有人不開心，然後會「越想越不開心」，甚至有了憂鬱症，想要輕生。那也是一種專注的力量，只不過用錯了地方，他將專注用在集中負面的事。就好像我們刻意去把每天生活中不快樂的片段剪輯成一部影片，然後不斷地在腦袋中播映。

或許有人會問，誰會做這麼笨的事呢？自己折磨自己。

很不幸的，這件事每個人都常做，許多人閒著沒事就在「溫習」自己失敗的經驗。然後讓自己困在一個陰影裡，許多人因此失眠，害怕未來。這都是錯誤的思考結合。

讓我們把正面的經驗「結合」，把負面的事「抽離」吧！

事實上，全世界有最多負面經驗的人，肯定是業務員。因為業務員的工作之一，就是處理「拒絕」，生活中有一大部分經驗都在「跌倒，再爬起」的狀態。因此也特別需要讓自己的心志堅強，絕不要讓自己有藉口被負面思維牽絆。

但請記住，我們不要被負面思維牽絆，這並不是叫你逃避負面思緒，要你讓負面印象假裝沒發生。逃避，不是解決事情的方法。相反地，我要你面對這些挫折的經驗，並且超越它。

一般人想到挫折的經驗，整個人就會沮喪起來。但成功的業務高手，可以坦蕩地說自己曾有過怎樣的遭遇，並且記取教訓，不再被過去的陰影束縛。

在我的課堂上，我會訓練我的員工如何面對負面思緒。

例如，我有個學員，他年輕時曾經被一個長輩惡意對待，被諷刺是個「沒有出息的人」，他對此耿耿於懷，造成他的人格扭曲，生命中永遠有個陰影。

我在課堂上，要這個學員描述，如果痛苦指數有一到十分，分數越高表示越痛苦，那麼請問這個長輩惡意對待你的事件帶給你幾分的痛苦？這學員竟然說「痛苦指數破表」，表示這件事已經嚴重到妨礙他的人生了。

於是我要他跟著我的指令做：先用心想像那個長輩，然後開始將那個長輩的臉變形。先想像成是個米老鼠的臉，並且有著ET的眼睛，然後想像他開口，一出聲就是唐老鴨那滑稽的聲音。然後倒著念一句話：「你是沒出息的人」，變成「人的息出沒是你」……「人的息出，沒是，你」……

一開始他邊皺眉邊想像這件事，我要他繼續投入這情境，一直想，一直想，那個曾經的惡人長輩也只是個如今不知道在哪裡的丑角。那些諷刺的話已經成過往雲煙，「沒事了，沒事了，好嗎？」

他先是笑了出來，然後，大哭出聲。

哭過之後，一切都沒事了。他看清那些都只是過往的牽絆。

專注在正面的力量，然後專注在成功的方向，此時此刻。

二、永遠記住語言的力量

說出來的話看不見、摸不著，但言語的力量已經被證實有著超越時空，甚至神祕到人類仍未能充分探究的境界。

在全世界都有這樣的實驗。例如，同樣的兩缸水，每天對其中一缸水說出正面的話語，搭配輕柔的音樂；另一缸則每天早晚三餐按時謾罵，搭配吵雜的聲音，傳達煩躁的意念。最後檢測兩缸水，那一缸天天接收正面話語的水，結晶體漂亮完整，相對的另一缸水則變得混濁。

對著生命體的影響更大，例如，兩盆植物，同樣是一盆用正面態度對待，一盆用負面語言伺候。一個月下來，一盆開得旺盛，一盆變得枯萎。甚至對無生命的對象也是如此，處理兩片吐司麵包，對著其中一片一直罵，另一片一直稱讚，幾次實驗都一樣，被罵的那片很快就發霉腐爛，被稱讚的那片則還是完好如初。

或許，有人覺得這些只是科學實驗。但現實生活中，語言對人的力量更是無比尋常的大。一個正確的激勵能夠讓想要放棄生命的人重燃希望；讓被各界不看好的問題兒童成為發憤向上的好青年；讓一個又一個本來失去目標的人產生新的動力。

語言的力量，包括對人，更包括對自己。

首先是對自己，當碰到被拒絕，碰到生意沒能成交的挫折時。要怎麼說呢？

你不要一直說「失敗了，很懊惱，很不順」這一類的話，因為當你說這些話的時候，你的腦海也就同時被這些負面思維所占滿。

你要改問自己三個問題：

1. 原本我要的結果是什麼？

2. 但現在的結果是什麼？

3. 所以我下次該怎麼做，才會讓結果更好？

在平常思考或者設立目標的時候，也要積極用正面字眼。例如：不要說「讓我不再生病」、「讓我不會被拒絕」、「讓我逃離恐懼」……因為對腦海以及宇宙的接受器來說，他們收到的訊號是「生病」、「拒絕」、「恐懼」。

請盡量改成正面描述的字眼，例如：

不生病，改成「健康長壽」。

不會被拒絕，改成「大量成交」。

逃離恐懼，改成「追求更多快樂」。

當我們常態運用正面的語言，久了將會發現，對自己的整個形象有很大改變。遇見你的人都會稱讚你容光煥發，整個人精神很好。

三、改變體態，形塑成功者氣質

體態，看起來是個人的事，似乎和成功無關。其實，體態不僅讓一個人給外在的觀感有很大影響，而且對自己本身也有正面加強或負面作用。

仔細觀察就會發現，當一個人沮喪的時候整個人會縮起來，或者蹲下身自己雙手環抱，整個形象就是萎縮成一團。當看到這樣的人，不用他說，你也知道這個人可能失戀或者遭遇什麼挫折了。

相反地，一個人若是鬥志昂揚，處在巔峰狀態，整個人的體態也一定是外放的。抬頭挺胸，雙臂外敞，有一種歡迎外界的架式。

是情緒影響肢體語言呢？還是肢體語言影響情緒？

也許一開始是因為心情不好影響肢體語言，但當我們強調這個肢體語言，那就會持續加重負面的印象，變成了一種負面循環。相反地，當心境不佳時，我們不要讓自己淪入這樣的負面循環，試著改變自己的動作，就會帶給心靈正面的力量。

請做以下實驗：

請你現在看著天上的藍天白雲，露出你的八顆牙齒，展現笑容。此時請你試著想不快樂的事，你會發現，你實在無法融入負面的情緒，因為整個的體態就是帶你朝開朗的方向走。

這是一個很好的例子，體態可以影響我們的心境。

我在課堂上做過一個實驗：讓兩個人上台，我讓第一個人閉起眼睛，然後想像一件事，不論是開心的事或傷心的事都可以。另一個人的任務，就是模仿這個人的動作，當第一個人有什麼肢體動作，第二個人就要一模一樣。

過一陣子，第二個人模仿第一個人，入戲之後，我問他，你知道第一個人在想什麼嗎？結果答案八九不離十，只要動作一致，就很容易猜想到對方的心境。是在想失戀的痛苦，還是想約會等快樂的事，肢體語言不會說謊。

這也證明，體態不只影響自己，甚至還可以做情緒感染、能量轉移。

因此很多銷售大師們都善於做正面能量轉移。他們積極正面的體態，把樂觀情緒傳遞給學員。

此外，還有一個實驗：

我會請學員上台，先請他想像遇到挫折，想像不開心的回憶。此時我用我的手壓他的左手，雖然他比我強壯，我還是很輕易地就把他的左手壓下去。因為當人們處在負能量狀態時，身體力量也一定會變弱。

現在，我要他想像正面樂觀的事，想像他成交客戶時的興奮感。此時，毫無例外地，我壓他的左手，一定壓不下去。情緒可以改變體態，相對地，我們也可以用體態改變我們樂觀的正面心態。

因此，應用在生活上，如果碰到挫折實在走不出來怎麼辦？

運動是一個好的選擇，去跑步吧！跑步的動作本身就是全身放開的動作，所以人家說運動可以強健身心，這是有非常有道理的。

展現最佳的肢體語言，讓專業說話

前面我們提過，體態可以改變一個人的氣質。

當我們在面對外界，不論是面對客戶，或者面對朋友，或者面對陌生

的群眾。他們對你的認知，就是來自於你的體態，來自於你的氣質。

一個信心滿滿，充滿正面能量的人，和一個沮喪沒自信的人在一起，兩人的氣質任何人一眼都可以分辨出來。

體態的判定，只是最簡單，人人可以判斷的基本識人術。

對於業務員，這裡要傳授進階的讀心術：

以一個人的外表來說，上、中、下都有學問。上就是臉部，中是腰部含肚臍，下就是腳。

以臉部來說，若以額頭為三角形底邊，以下巴為三角形頂尖，畫一個倒三角形。最上頭的部分，也就是兩眼中間俗稱眉心處，是代表自信區和要求區；中間部分臉頰的位置，則是平輩區，到了下巴方向往脖子地方看，就是親密區。

當一個人和你談話，視線上看著眉心以上，甚至有點高高在上的感覺，那代表這個很有自信。

一般我們要購買比較專業的東西，或者聽取諮詢，會選擇比較有自信的人。就好像我們看醫生、找法律顧問，若對方是個視線閃爍，低著頭一副沒自信的樣子，那我們還敢將事情委託給他們嗎？

如果是平輩交談，則視線是偏向中間方向。

至於看往脖子的方向，比較適合情侶，因為這樣的視野帶著兩性間的性暗示。如果一個女性和一個老闆交談，老闆視線看向對方脖子，並且邊說話邊吞口水，那任何被看的人都會感到不舒服。一個男性業務員如果用這種視線和女性客戶交談，那肯定不能成交。若是同性，對方也會感到不舒服。

從眼神就可以決定交易的策略。

例如，當我們去買東西，老闆的視線是先看看其他地方，才回答你問題，這會讓人覺得這老闆不真誠。如果老闆說話時，看著你的眉心，你會覺得他自信誠懇。

當老闆報價一千元時，如果你要對老闆殺價，只要看著老闆眉心說：「老闆，八百元」就可以展現你殺價方的強勢，因為看眉心是一種上對下的氣勢。一般身為領導者的人，就是以上對下的方式說話。

請記得，適當的上對下，不是傲慢。除非搭配命令式的權威感，以及語氣。否則一般的對談，以上對下方式代表專業、自信。若以平行方向，則是展現親和。一個專業的業務人士會適當的運用眼神的力量。

要讓人感到自己的專業自信，是透過眼神。

若要讓人感受到自己的真誠，可以適當的秀出頸、脖的方向，以及肚臍的方向。這裡不是要你露出肚臍，而是指「方向」。因為人類自原始時代以來的本能，在遠古人獸共生時代，人類時時處在生命威脅中，而人的兩大致命弱點，也就是野獸會一擊致命的地方，就是人的頸、脖以及肚臍所在位置，也就是脆弱的腹部。

到了文明的現代，人類的潛意識仍會保護這兩個地方。相對來說，如果人與人之間交流，我敢把頸、脖和肚腹開放給你，就代表著「我相信你」。

許多人不知道這個身體語言，但不論知不知道，都會受到潛意識的影響。例如，當一個純潔的小女孩，歪著脖子看著你，大人們肯定都會內心響起一個聲音，這簡直是「無可抵擋的魅力」。有些廣告也善用這樣的技巧，讓影片中的人歪一下脖子，一瞬間你的心就融入那一個購買情境裡。

因此，當與客戶交易時，特別是到了最後關頭，客戶要決定是否簽約時，請適當地露出頸、脖，讓對方加強信任感，可能就是讓他簽約的終極推手。

當人與人之間面對面，我們把頭、頸往前傾，一方面表示專心傾聽，一方面也表示信任對方。身體朝正面，也就是肚腹的地方朝客戶，就是往

前專注的意思。相反地，若我們和人交談，對方身體轉到其他方向，那就是代表不尊重你，或者他急著想要離開。

專業的業務員可以依憑著客戶的肢體語言，來評判自己的影響力。如果客戶本來是眼神飄忽，身體轉向其他方向，後來身體逐漸轉過來，頭也往前傾，那就代表他逐步被你吸引。

專家表示：「好的溝通，7%來自文字，38%來自聲音語調、55% 來自肢體語言。」

當我們知道，什麼樣的人會帶給你正面的觀感。同理，你希望別人眼中的你是什麼樣的形象，你就要學習這些肢體語言。

首先，要讓人信任你，你的肢體語言一定要展現開放的態度。不要把身體縮起來，也不要抱胸翹腳。特別是翹腳的動作，在多數人眼中這是不禮貌的，表示想與人保持距離。相反地，若讓雙腳輕鬆地交叉是表示放鬆及信任，為什麼呢？因為雙腳交叉代表支撐力不夠，整個人處在放鬆的體態，當你和客戶這樣談話，會讓這種輕鬆情緒感染到對方，減低交易時的緊張感，有助於成交。

想要知道你在別人眼中的形象，也可以試著平常多照照鏡子，對著鏡子笑，對著鏡子擺POSE，看看你喜不喜歡鏡中的自己。

當肢體語言改變了，也要適時地調整說話的聲調。

由於每個人的聲音不同，這牽涉到體質以及說話習慣，不可一概而論。但基本原則，說話如果使用上揚的語句，是在徵詢；說話尾音往下壓，則比較是命令語氣。

在談話的時候，說到關鍵處，適時地讓聲音上揚：「您說是嗎？」讓客戶專注於你的問題。在有關決策的部分，則用下壓的語氣：「讓我們一起合作吧！」這是一種潛意識的指令。往上揚尋求認同，往下壓屬於下指令。

適當的應用語調，再加上談話的快慢調節，好比如說，適當地放慢聲音，會帶來一種催眠效果，讓話比較慢比較深沉，能夠深入對方潛意識。高昂輕快的語氣，則可以帶起客戶開朗的心境。

業務高手們，現在就帶著正面信念，充滿自信的出發。搭配體態的調整，以及了解適當的肢體語言和說話方式。

相信你在習得所有業務內功之後，面對各種業務挑戰，都將無往不利。

業務內功總檢討

讓我們一起來複習十大業務內功心法，並評估自己的分數。

覺得自己這方面完全不及格的是0分，覺得自己這方面做得很好是10分。

針對以下項目，每位讀者分不同階段來自我鑑定內功分數：
（建議讀者，於本書第一次閱讀時填下本表，在身體力行三個月、半年後，持續追蹤，看自己的分數有無成長。）

項 目	0	1	2	3	4	5	6	7	8	9	10
建立正確價值觀											
定義你的成功											
做好自我激勵											
調整價值優先順序											
學會建立心錨											
訂定人生目標及落實											
拓展你的企圖心											
調高你的財務溫度計											
建立成功學習典範											
打造自我成功品牌											
鞏固人脈圈											
熟習成功者肢體語言											

第一次閱讀時填寫

項 目	0	1	2	3	4	5	6	7	8	9	10
建立正確價值觀											
定義你的成功											
做好自我激勵											
調整價值優先順序											
學會建立心錨											
訂定人生目標及落實											
拓展你的企圖心											
調高你的財務溫度計											
建立成功學習典範											
打造自我成功品牌											
鞏固人脈圈											
熟習成功者肢體語言											

身體力行之後填寫

（　　個月後）

第2部

業務外功篇

縱橫江湖，我武維揚

第一招　**大力金剛指**　展現業務硬功夫，銷售才是王道

第二招　**打狗棒法**　打蛇隨棍上的成交術

第三招　**斗轉星移**　以彼之道，還諸彼身，基本業務應對術

第四招　**黯然銷魂掌**　讓客戶化被動為主動的三大法則

第五招　**化骨綿掌**　吃軟不吃硬的成交法

第六招　**凌波微步**　好的溝通讓業務成交更輕鬆

第七招　**九陰白骨爪**　讓業務員成交的三大心理法則

第八招　**龍爪擒拿手**　黏住客戶，業績擒拿到手

第九招　**降龍十八掌**　展現業務功夫，成交才是王道

第十招　**葵花寶典**　神功大成，你就是東方不敗

MANAGMENT

大力金剛指

展現業務硬功夫，銷售才是王道

打通任督二脈的業務高招，現在進行到第二部的業務外功篇。

第一招就來個威猛的招式「大力金剛指」，其是來自少林的強力外功，也是少林七十二絕技之一。功力達到火候者，力可以捏金裂石，若擊中人身，就會導致筋斷骨折。在《倚天屠龍記》，名震天下的武當七俠裡，就有兩位因為受到「大力金剛指」的摧殘而變成殘廢，是個非常強勁的功夫。

而業務領域講究剛柔並濟，基本上，業務員的銷售世界是一個直接面對生存競爭的戰場。我們在此先從建立強勁的業務基本功法開始，再進入柔性策略、心戰策略，就能有效發揮銷售效果。

銷售，是一個以結果見真章的絕對任務，不像行銷，可以產生分階段的影響力。

銷售的結果只有兩個，「成交」或者「不成交」。

沒有所謂的「成交了99%」，不論過程耗時多久，也不論前面的交易談判多麼地愉快融洽，只要最後客戶決定不購買，對業務員來說，結果就是「零成交」。以業績來說，就算你努力了一萬分，但是結果只有十分，公司也只會看你的結果。

因此，「成交」是業務一定要達到的終極使命。

對症下藥，業務必勝

武俠小說裡，常有主人翁不幸誤服特殊的毒藥，就需要某種特定的解藥才能挽救。例如，中了「十香軟筋散」，就要服「七蟲七花膏」才能化解。

有些症狀還只有頂尖神醫才能解，好比如說《倚天屠龍記》裡的張無忌中了「玄冥神掌」的寒毒，連蝶谷醫仙胡青牛都治不好，最後要靠「九陽神功」才能化解。

然而無論如何，有一症，通常就有一解。

在銷售的領域也是如此。

這世界上只有能力不足的業務，
絕對沒有賣不出去的產品，
也沒有無法銷售的對象。

有一個知名的案例：懂得銷售，甚至可以把梳子賣給和尚。

話說，有一個員外要嫁女兒，想要找個具有聰明才智的青年當女婿對象，一方面娶他女兒，另一方面也協助他的事業。

有甲、乙、丙三個青年表示有意願，於是員外給他們出了個考題，他拿出了一箱梳子，對著青年們說：「凡是可以成功將這批梳子賣給山上寺廟裡和尚的人，就可以娶我女兒。」三個青年聽了都躍躍欲試。

甲青年，走到了寺裡，他憑著三寸不爛之舌，極力向和尚吹捧這梳子有多好，就算不能梳頭髮，也可以按摩頭皮。但是寺裡的和尚完全沒興趣聽他說話，婉謝他的推銷之後，便請他離開。

乙青年，採取另一個策略，他不賣梳子，改用感情攻勢。他告訴和尚，出家人慈悲為懷，乙青年敘述自己的出身貧苦，但是也是個善心人，如果有機會成為員外的女婿，日後他將積極地做善事。和尚經不起他一再地懇求，勉為其難地買了一把梳子。於是，乙青年喜孜孜地去找員外，認為自己達成任務了。

此時，丙青年笑著說：「看我的吧！」

丙青年，同樣拿著梳子到寺裡。他一進寺裡，就表示有重要的事情需要找住持談談。當住持迎接他之後，丙青年拿出事先準備好的計畫書，用清晰的語句和住持說明，根據自己的觀察，寺廟裡的營運狀況是如何的，影響力不及臨鄉的另一間寺廟，香油錢也遠不及另一間寺廟。

但是丙青年告訴住持，他想到了一個好方法可以帶給該寺廟更大的名聲，那就是廟裡提供賜福的「平安梳」，透過寺廟的加持，可以帶給信徒與家人平安。如此，既造福民間，也能打響寺廟名聲，不但銷售梳子能有進帳，香客變多了，香油錢當然也會變多。

住持認同丙青年的提案，不僅一口氣就買了五百支梳子，之後還成為了長期客戶。丙青年尚未成為員外女婿，就已經幫員外賺了大錢。

這個故事給了我們什麼啟示？

什麼是銷售？什麼是業務？

銷售，不只是展現口才的領域。有許多人以為自己口才不好，所以不能當業務員，這是錯誤的觀念。業務員如果只是很會說話，卻抓不到客戶的需求，也是徒勞無益。

銷售，也不是做表面的工作。我們經常聽到有些直銷或保險公司的新手業務，為了要得到業績刻意去找自己的親朋好友，用人情攻勢請他們捧場，但是這畢竟不是真功夫，也許一時之間能有點業績，但是長期下來，只會再歸零。並且在過程中打壞了和親友的關係，可說是得不償失。

真正的業務，是一種雙贏的局面。

請記住，客戶為什麼要買你的東西？他們的目的絕對不是為了要增加你的業績，而是因為這個交易「對他們有好處」。一個業務員，如果心中念茲在茲的只有自己的業績，那麼一定做不成好業務員。

所謂「對症下藥」，與其說業務員是個推銷員，不如說是個「需求顧問」。上例中的丙青年，因為將銷售重點放在如何找出寺廟的問題，然後「對症下藥」，於是他成功地將梳子賣給和尚。

我們做業務銷售，也要懂得對症下藥。

一般來說，客戶的需求只有兩大類，不是「尋求快樂」，就是「逃避痛苦」。

所謂的「尋求快樂」，就是購買你的商品或服務，可以讓他更滿足、更便利、更有效率、形象更好、錢賺得更多、生活變得更好等等。任何可以帶給客戶正面效果的增加，都是一種「尋求快樂」。例如，丙青年銷售「平安梳」能讓寺廟的營運更成長，這就是「尋求快樂」。

所謂的「逃避痛苦」，包括減少病痛、解決麻煩、改善現況、降低風險、疏導不便、排除糾紛，只要能讓生活中原本不好的狀況消除，都是屬於此一類。

這世界上的每一個人，一定有「追求快樂」和「逃避痛苦」的需求。重點只在於，他想要選擇「哪種商品」、「誰家的產品」，還有「和誰做交易」。

如果一筆交易沒成功，這不一定代表這個客戶沒有這個需求。這只能代表你銷售的方式不對，不能觸動他的心。

而該如何對症下藥？這就是一個頂尖業務員需要持續強化的課題。

抓住客戶的消費模式

每個人都至少有一個以上的渴望。

而那一個渴望，是就算要他花再多錢也願意的。例如，有的人平常省吃儉用，叫他買件衣服，他可能考慮個老半天，最後還是作罷。但是如果看到他夢寐以求的限量郵票，他可能願意出一、兩萬元去買。

銷售人員經常會碰到一種狀況是，和客戶介紹了老半天，客戶最後還是一句話：「對不起，我沒有錢。」、「不好意思，我要考慮看看，目前沒這個打算」。

如果現在要銷售給他的是他很想要的東西，那麼他就算到處借錢，也會想方設法立刻買下來，不會出現「錢不夠」的問題，也不會出現「需要考慮」的問題。所以，

客戶任何的拒絕理由，歸根究柢一句話，就是你沒有打動他的需求。

那麼，我們該如何打動客戶的內心需求呢？

這就需要經驗的鍛鍊與累積，如同我們在業務內功篇也曾一再強調：重複，再重複，拜訪量大，成交量就大。

真正的需求敏感度，得靠個人的修行，努力拓展自己的拜訪量，才能日積月累出來這樣的功力。

這裡依照客戶的價值觀不同，分為以下類型。不同的類型，有著不同的需求切入點。

家庭型客戶

這類型的人較為重視家人和朋友。

他們購買商品或服務的理由，除了自己有迫切的需求之外，最常見的就是和家人、朋友有關。例如，有人報名各種課程，目的是為了藉由學習來增加自己的競爭力，提升自己的能力，最終是為了要給家人更好的生活。

針對此類型的人，銷售商品或服務時，只要能理解他的關鍵所想，大力讚揚他對家人的關愛，並且特別強調家庭的價值。就有可能觸動他的購買決心。

這類人除了愛家之外，另一個特性就是個性較為保守。不喜歡具冒險性，或者太新奇、需要嘗試的東西。因此，若你能強調產品本身的優質與實用，會比大幅地鼓吹流行、酷炫要好。

模仿型客戶

這類型的人通常對自己較為缺乏主見和信心，也比較容易受到廣告影響。

一般來說，有品牌或者有打過廣告的商品，比較容易說服這樣的人。

他們會想要成長，也想要有一番作為，但是內心經常缺乏一把推力，而業務員可以做為那一個推力，給他一點信心，給他一點願景，強調商品可以讓他更有魅力，對他的發展更有幫助。但要注意也不能給他們太大的壓力，否則會帶來反效果。

通常你可以給一點提示，當他陷入思考時，就有機會了。

最後適當時機再推一把，就可能成交。

成功型客戶

這類型的人較為自負，覺得自己與眾不同。

業務員對他們銷售時，如果強調大家都在使用，那可就放錯重點了。他反而可能會不屑一顧。

對這型的人銷售，要強調商品可以搭配、凸顯主角的風格，商品只是配角，特別要提到「獨一無二」、「稀有」這樣的字眼，在適當的時候，還可以提到「王者風範」、「品味非凡」這類的用詞。

總之，應對這一類的客戶，必須要凸顯出他本人的重要性。

當他感受到尊榮待遇時，就可能會買單。

社會驅向型客戶

「我是個有理想、有抱負的青年！」這句形容詞最適合這類型的客戶。

他們比較有使命感，有大我的思維，可能是「先有國，再有家」的心態，帶點熱血，帶點夢幻。

因此，和這類型的客戶銷售就要談到理想抱負，例如，可以幫助更多人、這是屬於有遠見的人才能匹配的商品。

這類型的人也會重視智慧的成長，例如，如果他們報名上課，主要的目的一定是追求知性的提升，另外就是拓展人脈，更融入人群。

和這類型的客戶說話時切忌不要爭辯，因為他的理想都是對的，我們就順應著他就好。甚至我們可以說：「像你這麼聰明的人，一定知道這商品的價值。」你將商品鑑定的決定權交給他，他就會樂意地用買單來證明他的聰明。

生存型客戶

「生存型客戶」也稱為「實用型客戶」。

他們買的東西就是為了生存或生活所需，你不需要和他們談未來的夢想、談國家社會的願景，因為那些都離他們太遙遠了。

他們只關心「現在」，你就可以說：「這商品好用」、「比另一個廠牌便宜」、「售後服務也周到」等直接告訴他商品的重點，告訴他商品對他現在的好處是什麼。

這類型的人通常也很乾脆，如果確實有需要，他通常會立刻就買單。

混合型客戶

此類型的客戶有「成功型」的特色，對自己有自信，但也有社會趨向性的優點，他們對社會具備關懷抱負。

他們許多都是社會菁英，對他們說話要講重點，如果過程中想要使用什麼行銷話術，說得太言過其實，他會看輕你，不想和你交易。

這類型的人購買東西也有一定的主見，通常他的心中已有決定，不容易被銷售的話術所動搖。因此，想成功銷售就必須證明：你提供的服務就是契合他內心所想像的那種。就算他原本心中已屬意其他品牌，但是優秀的業務員還是有可能藉由專業的談話，讓對方認定「原來還有更好的啊！」

以上只是大致的分類。

實際上，我們會面對到的客戶類型是千千百百種，但是基本概念都是一樣的，那就是抓住他們的需求，就能成功銷售。

如果沒有抓到需求，只是一味地說、說、說，那麼就是你說得再怎麼口沫橫飛，也只是浪費雙方的時間。

練功時間

學習面對不同類型的客戶

Q 請試著找同事或朋友合作，請對方扮演客戶，依照你本身的業務屬性，讓這些客戶對你提出購買商品的種種質疑。
由你來判斷對方的消費模式，並做出你的應對銷售紀錄。

Q 在你的工作崗位上，請你特別找出三天做紀錄，記錄你這三天和不同客戶的應對經驗。並分析當你遇到不同的客戶時，你如何判別他的消費類型？

Q 你的應對方式是？

Q 是否成交？

Q 如果沒有成交，原因是什麼？

打狗棒法

打蛇隨棍上的成交術

翻開武俠小說，提起丐幫，你可能會立刻聯想到兩大神功，一是「降龍十八掌」，另一個就是「打狗棒法」。

「打狗棒法」不僅僅是丐幫高手禦敵的武器，這竹棒本身更是幫主的象徵。一棒在手，招式玄奧無窮。「三十六路打狗棒法」是丐幫開幫祖師爺所創，歷來是前任幫主傳後任幫主，決不傳給第二個人。

作為一個業務高手，我們藉此表示，一個神奇的業務絕技不只三十六路，不論是面對各種需求的客戶，業務「打狗棒法」，秉持著打蛇隨棍上的要訣，可以盡情施展，拓展業務新境界。

要讓生意成交，一定要打動客戶的心。

有句話說：「女人心，海底針」，其實客戶的心也一樣難以捉摸。我們無法瞭解他們的內心在打什麼算盤，到底最後是什麼因素，使他們最後還是不買單。

如果一切都要依照客戶的內心判斷，再來做生意，這是典型的「以客為尊法」，本書也會傳授幾招：如何抓住客戶內心的想望，讓生意成交更快的方法。

但是除了抓住客戶內心想法之外，本章傳授的招式是可以透過由業務員主導，來改變客戶內心的想法。這是一種操之在我，大幅增進業績的方式。

關鍵因素，就在於「心錨」的設定。

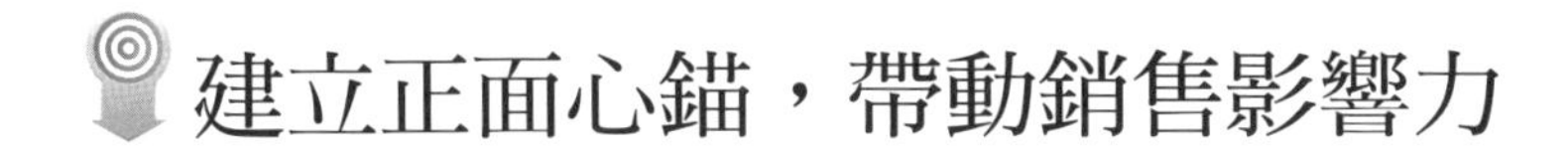

建立正面心錨，帶動銷售影響力

有一句俗語：「一朝被蛇咬，十年怕草繩」，所說的就是一種制約的力量。

當某一個動作、事物、影像或情境，可以讓人聯想到從前的某個記憶，就會對一個人現在的行為產生影響。

在本書的內功心法章節中，我們也介紹了一個專有名詞：「心錨」，意思是只要讓「自己的個性」和「正面的聯想」相結合，就可以刺激自己的行動力。

而作為業務對外的一種技巧，「心錨」更是一種結合人性心理，能夠成功促進銷售的重要方法。其應用原理很簡單，就是讓客戶在情緒快樂的時候做出購買決定。這是一種典型打蛇隨棍上的招式。

許多時候客戶下訂單，「對產品喜不喜歡」雖是最基本的原因，但從「喜歡」到「決定要買」的過程，客戶的內心還有許多的心理轉折，而往往最後決定不買的原因，只是因為「心境不對」。就像是許多人逛賣場都只是看看而已，如果真的要掏出錢包，內心還是會有許多的猶豫、掙扎。

透過正確的「心錨」運用，就可以讓客戶從猶豫的負面情緒轉變為非常歡欣的正面情緒，進而變成下單的行為。

還記得在講述業務內功心法，我們介紹過「心錨」是可以「設定」的。既然我們可以對自己設定「心錨」，砥礪自己更加上進，那我們也可以對客戶設定「心錨」，藉由帶給客戶美好的感覺，促成進一步的交易。

透過心錨影響別人，原理有點像催眠術，但我們的目的是創造一種愉快的感覺，以追求雙贏為目標。

基本上，透過「心錨」戰略讓客戶成交，有兩個關鍵：

第一，要有一件被連結的事情

以銷售推展來說，這件要被連結的事情一定要是能讓客戶開心的事。

第二，要有一個連結的關鍵動作

要讓客戶透過這個關鍵動作，直接聯想到那件開心的事。

因為在這世上，每個人最相信的人就是自己。

所以最好的銷售是「讓自己說服自己」，當一個人對某個情境感到愉快，那他就會願意告訴自己「這東西值得買」。

一個成功的廣告，就是藉由這種「心錨」的力量，甚至不必業務推銷，客戶就自己指名要買某個產品。例如，明明是賣汽車，電視廣告中卻不著墨在汽車性能，而是刻意營造一個丈夫帶妻子、孩子快樂郊遊的畫面，當這個畫面刺激了觀眾，想起了與家人相處的美好回憶。他就會自動地將這輛車和那美好回憶做連結，於是就很容易說服他買這輛車。

許多直銷產品的銷售場合也是透過「心錨」的原理來設計氛圍。例如，透過眾人包圍、兄弟姊妹歡笑圍繞的現場氣氛，讓當事人聯想到自己從前和朋友歡聚，或者團體相處的快樂時光。許多參加直銷活動的人都有這樣的感覺，不論後來有沒有買產品，至少當時那種大家圍著他、關心他的情境，讓他在那一個時刻覺得很開心。

那麼，做為一個個別的業務人員，要如何透過「心錨」技巧的應用來增進銷售呢？

「心錨」的設定不一定要砸大錢透過廣告來創造情境，也不一定要採用人海戰術，就算自己一個人，運用簡單的「開心事物創造」以及「開心印象連結」，也可以讓客戶從心動轉而行動。

方法一：正面印象累積

當和客戶交談時，只要談到正面的快樂的事情，就有意無意地將手比向自己。好比如說：

「我們都喜歡誠懇正直的人，他們是買賣商品的保障。」（邊說，邊將手比向自己）

「好的產品，經得起時間考驗，能夠讓客戶用得安心。」（邊說，邊將手指向自己帶來的產品）

一席話下來，客戶就會被制約一個印象，「你」就是代表好產品、好服務。

方法二：在對方情緒最高昂時，設下「心錨」

例如，兩人談話聊到很開心的時候，你刻意手上拿著一枝鋼筆，同時對他比出一個讚的手勢。每當客戶說到很興奮的時候，你就陪著他大笑，邊笑邊比出這樣的手勢。

談話到最後要決定是否簽約時，你便在適當時候，手中拿著鋼筆再次比出讚的手勢，客戶不自覺地感到開心，在當下，他便立刻決定要簽約。

時常，我們要邀請某個人買產品或者加入你的團隊。在交流時，只要適當的透過「心錨」建立起正面連結，假以時日，對方自然對你累積好感，終有一天會成交。

同樣的方法也可以用在勸導朋友戒除惡習。

舉例來說，我以前有一個同事A，他有抽菸的習慣。我們本來不反對他抽菸，但自從他去健康檢查，醫生對他提出戒菸的警告之後。我們幾個同事便覺得有義務幫助這位同事A戒菸。

事前，我們安排一個聚餐，在現場我們刻意聊到這位同事A最討厭的話題——蟑螂。因為大家都很熟稔了，我們當天邊吃飯邊開了很多有關蟑螂的玩笑，並且大家有志一同地發明了一個手勢，每當聊到蟑螂，就擺出那個手勢，故意拍那位同事A。一整晚下來，大家笑鬧過後，也已經讓同事A對那個手勢產生一個強烈的印象。

之後，我們每次在同事A想要抽菸時，只要他有任何的相關動作，例如：拿出菸盒、抽菸出來，或者把菸放進嘴裡等等。我們經過時，就會刻意使用那個手勢拍他，讓他每被拍一次，腦海中就浮現蟑螂，然後蟑螂又和吸菸這件事連結起來。

由於是全體同事大家都一起參與這個祕密行動，加上原本醫生的警告，久而久之，這個同事A每次抽菸就會連結到負面的印象，後來他也就戒菸了。

你可以用心去觀察，在生活中有很多的場合，例如，那些知名的演說家或企業家都很善用這些「心錨」的暗示法，他們每當談到正面的，如責任感、誠實等等用詞，他們的手勢都會比向自己。

許多產品也會創造出自己獨有的動作或象徵，好比如說運動鞋廣告，在畫面上出現運動員奪標的最精彩的一刻時，同時秀出這產品的商標LOGO。

一般人聽大企業家演講或者看電視廣告，以為自己只是完全客觀的第三者，但是殊不知，在你將視線投注在那位名人或者某段廣告時，你就已經被強制加入這場心錨遊戲裡。在潛意識裡，你已經被下了「心錨」。

曾經有個著名案例，某個可樂廠商刻意投資一部電影，在電影放映時大量出現可樂畫面，雖然因為影片的步調很快速，觀眾們完全不記得自己曾看到任何可樂畫面，但是其實透過視覺暫留，觀眾不記得看到畫面，然而潛意識裡卻全看到了。

一出戲院之後，許多觀眾就莫名地很想買可樂來喝。這種做法後來被禁止了，但此案例可以說明，透過內心的行銷影響力有多大。

運用「定錨」，對比出你的業績

另一個也是透過心念的制約，可以對人帶來影響的方法，稱為「定錨」。前面提到「心錨」，是指透過聯想法，當客戶要做購買決定時，「心錨」的制約讓他只聯想到好的事情。

而現在談到的「定錨」，則是用「對比」的方式，同樣可以對人的行為帶來影響。

所謂「定錨」，是借用一種「對比」的概念。

我們都知道，同樣的事情在不同的情境下會有不同的感覺。就像是同樣是三分鐘，在世界上的任何地方，三分鐘都代表著六十秒乘以三次，只要在地球上，都沒有例外。可是當你和心儀的女孩一起說話時，你會覺得這三分鐘怎麼過得特別快，你都還沒開始說到重點，三分鐘已經過了。

但是當你處在一個危險的環境，或者是要你擺出一個令你很不舒服的姿勢，你就會覺得三分鐘怎麼那麼久，你已經快忍受不了了。

人是習慣的動物，為了讓生活可以不要經常應付變化，人會先將自己附著於一個設定的環境氛圍裡。好比如說，當台灣的冬天氣溫低到十幾度時，一個來自北歐國家的遊客會覺得台灣的天氣好涼爽，他們穿著短袖就覺得足夠；然而一個來自赤道國家的遊客，則會覺得太冷了，他必須穿上大衣才能禦寒。這和他們的身體健壯與否沒直接關聯，而是和他們習慣的「定錨」有關。

再舉一個例子，我們放了兩個盆子，一盆裝冰水，一盆裝熱水。當我們將右手放入冰水中三分鐘，左手同時放入熱水中三分鐘，之後端來了一盆溫水，我們將雙手同時放入這溫水盆裡，右手就會覺得偏熱，左手則會覺得這水好冷。

這就是透過「定錨」所對比出來的不同感覺。

在銷售上，我們如果善用這種對比，就可以創造出更好的業績。如下說明：

價值對比法

在一個銷售場合裡，你可以特別營造出有社經地位的人士都特別指定哪幾樣優質的產品。例如，在餐廳裡有幾道菜雖然貴一點，但是這是知名企業家都指名要品嚐的；或者展示西服，有哪幾款是名流愛用的款式，雖然只差幾百元或者幾千元，但是感覺就是不一樣。

當你替商品營造出這種印象之後，客戶要購買時，就可能會寧願多花一些錢讓自己提升價值。如果不運用這種價值對比法，那麼客戶對商品的第一印象可能只會是覺得「這東西好貴，我不想買」。

價格對比法

當你帶客戶去參觀商品，例如：參觀車子時，我們介紹了好幾款車都是一百萬元起跳的價格，這些車的性能好，座位又舒適。那麼在我們介紹的當下，客戶已經在心中「定錨」，好的車子等於一台上百萬元。

這時，我們再介紹客戶一款車子，我們不斷地強調這款車性能不輸剛剛看的百萬名車，座位也很舒適，但是這款車子只要七十萬元。那麼當下客戶很容易心動，因為在他的認知裡，好車要上百萬元，而這台好車卻只要七十萬元，因為太便宜了，他一定賺到了。

如果不透過對比，你只是帶著他看各種車子，有的車子六十多萬元，有的車子八十多萬元，客戶心中沒有「定錨」，對於七十萬元的車子他就不會有特別的感覺，就無法刺激他買單。

主從對比法

聰明的賣家在賣東西時，不會貪多嚼不爛地只想一股腦兒把東西都推薦給客戶，而是一定會循序漸進式地進行。

有的業務員，他推銷A產品給客戶，不成功，就改拿出B產品，結果又不成功，於是，他再繼續拿出單價更低的C產品，如此，就會給客戶一種感覺「你這業務員已經山窮水盡了，才會不斷地自貶身價。」

而高明的業務員只專心推薦最高檔的產品，當客戶有興趣了，他有機會再拿出其他的商品。好比如說，客戶買了一輛七十萬元的車了，此時再勸他：升級椅套只要兩、三千元，或者加裝個音響只要八千元，那麼客戶很容易就買單了，因為對比於七十萬元，這些幾千元的金額頓時變小了。

其實在生活中，有很多機會可以透過「定錨」法來提升業績或者增加辦事效率。例如，在高級大飯店裡，餐點會賣得比較貴，因為顧客普遍都會有「既然我都來這裡了，還怕花不起這個錢嗎？」的心理。

對於一個剛經歷過朋友生重病的人來說，此時和他推薦人壽保險，他的接受度會大幅提高。或者當一對情侶路過時，適時地向男方推薦買束鮮花給女友，就非常容易見效。

關鍵在於，任何事情在正常的情況下，客戶不一定會買單，但是只要透過各種對比，讓原本貴的東西，看起來不貴了；原本不重要的事，看起來重要了；原本沒興趣的東西，現在覺得和自己有關了，那麼，你就成功了！

其實，就連小朋友也懂得運用「心錨」對比呢！

以下是一段大人和小孩的對話：

一個孩子想要吃冰淇淋，但他知道父親可能不會買給他。於是他採用「定錨」策略，拉著爸爸到玩具店門口，

「爸，我要買變形金剛啦！」

「不好啦！這要兩千元，家裡已經有很多玩具了，不要再買了。」

「我好想要那個模型耶！」

「不要啦！上次買的模型，你後來也沒在玩了！」

在和父親纏鬥半天之後，孩子終於放棄了，他對著父親說：「好吧！那不然爸爸帶我去吃冰淇淋！」

此時的父親也鬆了一口氣，心想：「當然沒問題！只要不要再吵著買玩具，你要吃兩客冰淇淋也沒問題。」

這就是「定錨」的力量。

透過對比，能讓原本不會成交的案件，大幅提高成交率。

練習使用定錨

請試著將本章舉例的方法運用在實務上，並記錄自己某一天的銷售過程。

Q 請描述你如何透過「定錨」來促進成交？

....

....

Q 你使用的「心錨」是什麼？

……

……

Q 效果好嗎？

……

Q 有什麼該改進的地方？

……

……

……

Q 請嘗試使用本章講述的對比法，「定錨」你的客戶，並記錄下來效果如何？

……

……

……

Q 如果沒有成交，請找出為何你的「定錨」沒有成功？

……

……

……

……

……

……

……

……

……

第三招

斗轉星移

以彼之道，還諸彼身，基本業務應對術

提起武俠小說的招式，有一招叫做「斗轉星移」，多數人的第一印象通常是覺得「好像聽過，又好像沒聽過」，但是如果換個說法，叫做「以彼之道，還諸彼身」，許多人就會「喔！」一聲，這下就表示聽過了。原來就是《天龍八部》裡，南慕容、北喬峰，那個南慕容的知名功夫。

這是一個借力打力之招，令對手自作自受，死於自身武學。看起來像是使用對方一模一樣的功夫，然而是抓住對方武功的精要，才能做到反制。若對手武功太強，則不適用此招。

做為一個優秀的業務員，要熟悉客戶各種的拒絕理由，要能「以彼之道，還諸彼身」。若用在制敵的觀念，是以牙還牙，但是用在銷售上，則是找出客戶真正的需求點，予以適當的回應，才能有效提高成交率。

經常有人說，自己從學校畢業之後，在日復一日、年復一年的工作之中，覺得自己都變笨了。為什麼呢？因為他不再學習了，他就只是待在一個制式的工作上。

但是對於投入業務工作的人來說，就沒有問題。因為我所認識的頂尖業務員們一定也都是胸中有物，談吐很有內涵的人。

原因無他，要在銷售戰場上存活，一定要懂得夠多，學習、學習、再學習。業務不但要懂得比客戶多，而且，如果有一百個客戶，那麼業務員就要懂得和這一百個客戶應對；有一萬個客戶，業務員也得要和這一萬個客戶應對。

一個業務員如果有他不懂的地方，那麼他一定是個不夠努力的業務員。

兵來將擋，水來土掩

武功高手慕容復能施展「以彼之道，施之彼身」的高招，但是有一個前提是，姑蘇慕容擁有龐大的武林功夫資料庫。

現代的業務高手要能因應各種類型的客戶，不敢說要學富五車，但是絕對要對自己的產業、產品，甚至時事等領域都做足了功課。

針對客戶的詢問，只要回答有任何一點文不對題、虛應故事，甚至被抓包錯誤，或者回覆時有任何一點猶疑或者不正確，那麼成交率就會瞬間大減。

我們會遇見什麼樣的客戶？簡單來說，我們會遇見「反對我們」的客戶。如果客戶原本就指定要買什麼產品，或者只是幾十元，很便宜、人人都可以隨手買得起的產品，那麼老實說，這不需要業務員，就算是一個高中生也可以輕鬆地把東西賣出去。

真正有挑戰的，還是在於讓原本拒絕或者原本沒有要買單的顧客，從心動進而產生行動。

那麼，在各種提出反對理由的客戶之中，最困難的對手是哪一種呢？

很多人以為，越是刁鑽、愛刁難的客戶，是最難搞的澳客。

但是其實不是。

以我從事業務行銷近二十年的經驗，我敢肯定的和各位讀者報告，任何會提出反對理由的人，絕對不是最難搞的客戶。

真正最難搞的客戶，第一是那種「悶不吭聲，理都懶得理你」的客戶。就算是世界頂尖的業務高手也難以撼動一個根本不和你對話的客戶，那就像是要比武，但是對手卻是空氣一樣地無從著力。

第二難搞的客戶是「虛應故事」的客戶。他們也許表面上笑容可掬，和你敷衍幾句，但是其實他們和第一類的難搞客戶一樣，對業務員來說，這也是一個無從著力的對手，頂多對方比較禮貌一些，還會和你客套，做做樣子。

但是對一個根本沒將心留在現場的人來說，業務員也只能早點收手，不要在這種類型的人身上耗費時間。

相反地，那些有各種反對理由的人，甚至反對的理由越多的人，越是好客戶。正是商場上一句流行的話：「嫌貨才是買貨人」。

一個有自信的業務員最喜歡碰到的狀況就是客戶主動提出問題。

在我的心中，每當碰到這種情況時，就會發出「叮」的一聲，就好像收銀機的聲音一樣。此時，我都會用十二萬分的熱誠去克服過程中的困難，就算最後還是沒能成交，至少，每次這樣的「攻防」都會讓我的學習更上一層樓，因為我會多認識一種客戶的提問，多瞭解自己的產品可能會被質詢的焦點在哪，也就多了一分我可以預先準備的空間。

那麼，一般來說，反對的方式有幾種呢？

視各種產品的類型不同，客戶的性質也差距很大。例如，科技類產品和金融商品的銷售，或者和護膚美容服務的銷售，其客戶的類別絕對不同。然而還是有些共通的「反對模式」，基本上有六個最常見的反對理由，如下：

1. 沒錢
2. 沒興趣
3. 價格太貴
4. 不需要
5. 考慮看看

6. 跟同行比較

一個專業的業務員在心中對於以上的六種理由，一定會有一個基本的應對方式。如果連這樣的準備都沒有，就不是一個合格的業務員。

除了反對的理由之外，這裡也要介紹不同類型的客戶，如下：

第一型：海綿型客戶

此類型的客戶特色是「沉默不語」。

他們像個海綿一般，只吸收，不提出看法，但也不是漠不關心，他們基本上還是對產品有興趣，只是不知道他們內心在想什麼。這種類型的客戶是最具備挑戰性的。

因為眾所周知，從0到1的這一步最困難，如果有了1，再來進階下一級就比較容易。但是，一個不說話的客戶，就好像只有一個0一樣，難以著力。

因此厲害的業務員一定得想方設法去打破這種現場的沉默。你可以透過親切的聊天，多用開放性的問句來降低他的戒心。

以我的經驗，這類型的客戶不開口則已，一旦開口，反倒沒那麼難溝通，經常也能夠順利成交。

第二型：藉口型客戶

比起海綿型的客戶，此類型的客戶同樣不正面回答問題，但是卻比海綿型客戶還麻煩。海綿型客戶頂多就是不說話，但是藉口型客戶卻會說一些迂迴的話，業務員必須先應付這些迂迴的話，才能順利導入正題。

藉口型的客戶不會直接告訴你他真正的想法，他會說：「他要想想看」、「他要考慮看看」。很多時候，他們是不喜歡人家干擾的，會說些話讓業務員知難而退，但是其實他仍然是想購買東西的。

此時，你可以嘗試用一招「回馬槍」，那麼要怎麼做呢？

你可以假裝要離開了，但是突然之間，還是回過頭來問他：「你的問題到底是什麼？也許我可以幫幫你。」

經常這樣做的時候，客戶還是會將注意力放回主題，告訴你「其實他想要什麼」，這樣再繼續談下去，就可以順利成交。

第三型：直接拒絕型客戶

有些客戶一開頭就會跟你嫌東西貴、嫌這不好、嫌那不好。

除非客戶說的事情，的確是對你的產品有很深的誤解，例如，他表示網路上都說你們的產品有食安問題，這種時候就非得要解釋一下不可了。

但是大部分的情況是，客戶嫌你的產品哪裡不好時，業務員應有的態度不是和對方辯論，如果他說：「這款的機型不好看」，你硬要和他吵：「我們的產品機型超好看、有得過獎的」，就算業務員辯贏了也沒有意義。因為贏了口才，卻輸了訂單。

對於這類型的客戶，要善用「轉移法」。例如，客戶說你的產品比較貴，其實你的產品也真的比較貴，此時你不應該就價格部分和客戶爭辯，也不用因此降價，而是要將重點轉到其他客戶會欣賞的優點上。

後篇我們會分享各種業務銷售話術，在此我們要強調的是，不要跟著客戶的節奏走，而是要另外導引他，往客戶也認可的優點說，例如：「產品貴一些，但是我們的品質很優」，這點相信客戶也是同意的。

以此導入取得共識，再往後談，就容易成交。

第四型：問題型客戶

真的有問題想問的客戶，是我們最歡迎的客戶了。這時候考驗的就是業務的真材實料了。客戶可能會說：

「我之前買其他家的音響都有點回音問題，你們的產品會不會這樣啊？」

「聽說在日本有一種最新的食品檢驗標準，你們的健康系列，能不能符合那種標準啊？」

「我如果買這個金融商品，若不幸兩年後，我有急用要提錢出來，辦得到嗎？」

這時候最能顯現一個業務員的厲害之處。

業務員，不是推銷員，而是一個專業顧問。在這裡就看得出來。

第五型：表現型客戶

表現型客戶或者可以說是「愛現型」客戶。

這種人一進門就會表現出他很懂的樣子，對於各種型號耳熟能詳，表示他才是專家，業務員算什麼。

聰明的業務員這時候絕不會出來和對方爭辯，那是最下下策。業務高手會順著這類型的客戶，邊稱讚客戶，邊引導客戶：

「像你這樣的高手，一定知道這款產品是上月才推出的，應用最新研發的技術。」

「能碰到你這樣的專業人士，真是我們公司的榮幸，說真的，我們很喜歡你們這種真正懂產品的客戶。」

要和這種人溝通，簡單的原則就是「讚美」、「讚美」、「再讚美」！

不要指責他的錯誤，也不要否決他的想法，除非你不想要他的訂單。

銷售有理，反對無罪

有句話說：「客戶永遠是對的。」

但是這句話的潛台詞是：「就算客戶是錯的，你也會偷偷地把他帶到對的路上。」

在商場上，我們面對的客戶可能形形色色，前述我們介紹了幾種客戶的類型，這裡要分享幾個和客戶應對的基本原則：

不要和客戶爭辯

爭辯就是對立，爭辯就是放棄生意。

關於這點，前面我們也曾特別強調。

碰到客戶有問題，內心要感到開心

如果害怕客戶問問題，這樣的業務員缺乏自信心，多半是新人會有這樣的狀況，必須多多磨練。

要找出客戶真的問題核心

資深業務員和新手業務員的差距經常就在這裡。

許多新手業務員也是做事認真，以自信真誠的態度面對客戶，但是怎麼就是無法成交呢？因為一旦搞錯焦點，永遠也不會成交。

當經驗夠豐富了，就知道客戶表面上問甲問題，實際上關心的是乙問題。為什麼會如此呢？有的可能因為面子問題，例如，東西太貴，但他不好意思說；有的可能是潛意識問題，客戶甚至自己也不知道自己內在的困擾原因。

到底「真相」是什麼？這些都需要業務員的適當誘導。

過程中要提出緩衝點

這一點非常的重要，很多業務員就是不懂得緩衝，所以無法成交。

那麼什麼時候需要緩衝？

1. 客戶指責商品的缺點，要緩衝。

2. 業務員要轉移焦點時，要緩衝。

3. 客戶採取迂迴戰術，沒有直指問題核心，業務員要懂得緩衝，慢慢把問題引導回來。

避免表示不同意

在業務話術上，關於應對反對意見有很重要的兩點：

1. 不要直接說「你錯了。」這是業務員的大忌。

2. 也不要說「你說得不錯，但是……」

這同樣帶來反效果，對客戶來說，你這樣說也一樣是反對他的意思。

我們要少用「但是」，改用「而且」。

例如，你可以說：「小姐，你說我們的產品價格比一般的其他品牌貴，你說得沒錯。『而且』我們也是這樣對外強調的，我們寧願多花成本，製造更優質的產品，而不以低價促銷來獲利。所以，小姐，你真是識貨的人啊！」

這樣說，客戶聽了是不是感覺心裡比較舒服。

還是你要說：「小姐，你說我們的產品比一般其他品牌貴，『但是』，你忽略了，我們就是產品比較優才比較貴啊！」

也許業務員說得有道理，但是當這位小姐聽到「但是」兩個字，心裡已經反感了，產品再怎麼好，她也不想買了。

絕對、絕對要事先做好功課

這可以說是基本功，但在應用上有個竅門。

當客戶問你問題，你卻回答不出來時，這固然是錯誤的示範。因為你會害公司失去一筆生意。

但是當客戶問你問題，你也不能立刻回答出來，除非是一般性的問題，那自然是實問實答，若是有一點難度的問題，其實你早就知道怎麼回答，但你卻要假裝成先想一下再回答，這樣可以給客戶一個印象：「原來你真的有認真在思考我的問題」，頓時，他就會對你產生好感。

相反地，你回答得太快，客戶就會心想「原來這就是業務制式的答案，照本宣科而已」，那他對業務員就會產生負面印象。

我曾經和一個客戶銷售精油，我看得出對方是一個對養生和生活品質很重視的婦女，我也有自信，我們的產品會符合她的需求。

但從一開始，我和她銷售卻一直碰到軟釘子，她本身是我們美容保養組織的會員，喜歡美容知識，但是不知為何一提到精油，就很排斥。

後來我使用一種緩衝的方式，暫時抛開客戶與業務的關係，我告訴她：「你不要買沒關係，我只是想以朋友立場和你聊聊，你為什麼好像對精油很排斥呢？」一問才知道，原來她不知從哪裡得到的錯誤印象，聽說精油會爆炸，特別是要點火的精油，她聽說有安全上的疑慮。

我一聽到問題的根源，就能夠抓住重點地和她說明，最後她也開始嘗試使用我賣的精油系列產品。

從這個例子可以看出，客戶不說真正的理由，有時候是為了不傷公司的心，她怕直說這東西會爆炸，對公司不禮貌。像這一類隱藏在內心的理由，要透過技巧的問答才能問得出來。

基本上，經驗還是很重要。所以本書一再強調「重複」的重要，每一個月拜訪一百個客戶的人，一定比每個月拜訪十個客戶的人更有成就。一方面是量大成交機率大的法則，一方面則是經驗累積法則。

通常碰到一個客戶，善於用「哇！你好棒」、「你真是專業」、「你真是獨特」這些話語，對百分之八十以上的客戶都可適用，只要用語不太誇張，都會收到讓對方內心高興的效果。

但有時碰到百分之二十的人，他聽到這些話反而會覺得業務員很虛偽。至於如何分辨這百分之二十的人呢？還是要靠經驗。

最後請記住，本書分享各種業務應對法則，並不是將客戶當成敵人。

而是因為客戶畢竟不如業務員專業，我們想要把好的商品介紹給對方，目的是為了對方好，在過程中要如何克服客戶不專業的部分，這就是我們分享業務員應對方式的原因。

練習見招拆招

針對你所屬的產業，請和好同事或好朋友兩人一起練習，請對方扮演客戶，並演出不同程度的拒絕，請他提出二十種拒絕你的理由，請你參考本篇傳授的方法，試著說服對方。

反對的理由包括：

Q 沒錢

……………………………………………………

……………………………………………………

……………………………………………………

Q 沒興趣

……………………………………………………

……………………………………………………

……………………………………………………

Q 價格太貴

……………………………………………………

……………………………………………………

……………………………………………………

Q 不需要

……………………………………………………

……………………………………………………

……………………………………………………

Q 考慮看看

Q 跟同行比較

（你可以提出更多，依個別產業不同狀況做模擬。）

第四招 黯然銷魂掌

讓客戶化被動為主動的三大法則

「問世間情是何物，直叫生死相許」，愛情到一個地步，竟然可以創造出一門武功，這就是《神鵰俠侶》一書中楊過大俠的絕世神功。楊過苦候小龍女的十六年後的絕情谷相會之約，思念之情深切，整個人也變得形銷骨立。在此決絕的心境中，他悟出了一個超級武功。其特色不在招數變化取勝、而以內功和威力破敵，並故意與武學通理相反的掌法。

江淹《別賦》：「黯然銷魂者，唯別而已矣」。這武功的名字淒美好聽，但和銷售有何關係呢？有的，非常有關係。深諳此功夫的超級業務員一定懂得，對於客戶，攻心為上，要做到不對他們銷售，擺出準備黯然離去之姿，但反倒客戶自己會追過來的境界。

全世界所有的頂尖業務員都知道的一件事是：「最優秀的業務員，是讓客戶自己推銷給自己」。

最高境界是，明明是我們說服他們購買的，但卻讓客戶有個印象——是「他自己」想要買的。一切的聰明、優秀決策、正確判斷，悉歸客戶。業務員只是扮演提供的角色，也就是「是客戶有需要，『主動』來找我買的，我可沒有強迫推銷喔！」

要做到這種最高段的攻心境界，必須熟悉「黯然銷魂三大法」：

黯然消魂第一法：既期待，又怕受傷害

客戶經常透過不同的管道，例如，看過電視廣告了，或者他們聽到你的業務團隊詳細的產品介紹了。他的內心已經有百分之七、八十的意願想購買了，但是終究開不了口，因為：

「我表現出我想買的樣子，那對方不就會趁機哄抬價格嗎？」

「我的想法是對的嗎？我是不是意志太不堅定了，輕易地就被說服，那我算什麼？一點矜持都沒有。」

「既然我要買了，就要多撈點好處。我還是暫時按兵不動，看有更多的好康再出手吧！」

這些聲音絕對不會從客戶的口中說出來，但是聰明的業務員絕對要能「聽見」這些內心的聲音。然後，針對這些聲音，不要用說服的，因為此時再怎麼說服都沒有用，而要使用「想法」，讓客戶自己說服自己。

「這是果粉專屬的配備，一般人聽都聽不懂，只有像你們這樣真正的高手，才懂這些配備的好處。新產品預計下個月推出，到時候我再傳訊息給你。」

到了下個月初，業務員也不需急著打電話和顧客說，你忙個兩三天做其他事情，到了第五天，客戶自己就會按捺不住來電了。

「聽說這個月有最新的蘋果手機配備上市，DM已經出來了嗎？」

「哇！你真是內行，這是只有專家才知道的。但是老實說，這產品我們店裡只進貨三組，我不確定還有沒有，我查查看。啊！只剩兩組了。」

「幫我保留一組，等我，我現在就過去拿。」

另一個場景。在一個護膚中心，業務員正陪著貴婦做SPA。

此時一個美麗的婦人經過，特別停下來和業務員聊天：

「謝謝你上次推薦我的那組產品，真的太棒了，我覺得參加聚會時，

朋友都說我年輕了十歲了。真的超好用，真心謝謝你推薦。」

「沒有啦！是你天生麗質，才能讓產品發揮最大效用。」

接著業務員又回頭和她身旁貴婦聊天，完全都不提剛剛的事。

正在按摩的貴婦按捺不住內心的好奇，問道：

「剛剛那位小姐講的產品是什麼啊？」

「喔！那位小姐用的是我們公司的另一組頂級保養品。不過說實在的，有比較貴一點，所以我沒推薦你用。你現在就很好看了。」

業務員說到這又不說了，改提其他事情。貴婦被弄得心癢難耐，忍不住又問：

「什麼太貴了，你認為我出不起錢嗎？你跟我介紹一下那個產品嘛！」

於是業務「勉為其難」地拿出產品說明書和她介紹那組產品，但似乎只是盡點義務介紹產品而已，並沒有想要對貴婦推銷。結果反倒貴婦一直追問，最後還買了兩組，因為她要比剛剛那個小姐多買一組。

這種銷售法又叫做「灑種法」。透過在客戶心中撒下一個念頭，當你種下一個「期待感」後，絕不要去催促，否則會變成「揠苗助長」。只要種子灑得對，客戶自己會逐步說服自己「她一定要買這東西」。即便你不在她身邊，她自己在家夜裡睡覺時，腦中的那個業務員會持續地幫你達成銷售使命。

當種子發芽時，你只要等著接電話就好。

期待法則加強版

- 誰最會灑「期待」的種子？許多國際級企業都懂得灑的巧妙。許多國際級企業都有聘請專業的消費心理分析大師，為他們規劃如何「創造期待」。而一個創造期待感已經成精的企業，就是「麥當勞」，他們知道雖然掏錢包的是爸媽，但讓爸媽掏錢包的通常是小朋友。

  於是對小朋友們，灑下許多的期待感：

  「麥當勞叔叔這一季幫你們準備什麼了呢？是可愛的Hello Kitty組喔！只送不賣！」

  其結果是：小朋友主動拉著媽媽，要去麥當勞買兒童餐，換可愛的Hello Kitty。

  「我們有五種款式，什麼？你只有三種，那還差兩種喔！加油吧！你如果換不到，我們也愛莫能助。」（當然，以上是潛台詞，廣告沒明說，但用暗示的方法讓小朋友瞭解。）

  其結果是：「媽媽，媽媽，我要去麥當勞啦！我要那個穿公主裝的Hello Kitty，嗚……」

- 其他像是「預先放消息」、「換季大拍賣」、「新品上市」，或者在網路營造消息，「偷偷地」傳遞有種商品很好用，甚至在某些場合，在不失禮的前提下，銷售員故意擺出愛理不理的方式（表現出覺得你買不起），都反而會刺激客戶，使客戶主動說要購買。

黯然消魂第二法：送你一個驚喜

顧客總是貪小便宜的，不一定是菜市場買菜的那種：買一把白菜，多要一根蔥的心態，但人人總是希望可以「物超所值」。

有時候我們給的越多，客戶反而不知足，下一次消費，他們只會要更多。例如，以下案例：

客戶甲來購買一個MP3產品，業務員拿出整套的配備，包含主機、耳機、機殼套、清潔組、以及一片音樂光碟。

客戶甲看了看，說：「好棒啊！」然後會批評一下「這個耳機看起來不怎樣，那個光碟的歌不是我要的。」

下一次客戶甲又來買東西，這次的產品沒包含那麼多東西，客戶甲立刻不高興地說：「上次跟你買MP3，有送耳機，機殼套，這回怎麼沒有。是想坑我嗎？」

現在假定換另一種情境，同樣的一組MP3產品。

業務員的銷售方式是：先拿出MP3主機，請客戶甲試聽。看到對方滿意了，業務員對甲說：「老實說，我看你很投緣，知道你是行家，我最喜歡你這種客人了。來，我再多送你一些配備。」

於是拿出耳機以及機殼套，說：

「這個外面賣也要好幾百元，但我現在就送你，希望你喜歡。」

客戶甲這時已經笑得合不攏嘴，覺得自己「賺到了」。

此時業務員趁勝追擊：「還有啊！這裡有一片光碟，是我私下送你的，希望你喜歡。」

已經飄飄欲仙的甲，直說：「感謝、感謝。」覺得自己被視為貴賓，心中很開心。

下次，甲會不會再來消費享受「貴賓」的感覺，當然會。

同樣銷售一種東西，只要適當營造心理情境，就可以創造一個長期的客戶。

驚喜法則加強版

人人都希望自己是貴賓，不一定是要能掏出白金卡或是搭飛機可以進貴賓室的那一種，但還是希望自己買東西時是老大。聰明的業務員只要抓住這種心理，就可以和客戶建立長期關係。甚至有的業務，願意放長線釣大魚，即便這次生意不能賺那麼多，但他知道長期下來，他擁有這個客戶，每個月都會有生意。

「驚喜法則」的一個重點在於，人這種生物，消費物品不是全憑實用的，有時候心理感覺比買東西還重要。像是兩家餐廳賣的東西一樣，一家貴一點，但是他們讓客戶覺得自己是貴賓，另一家只是普普，那麼客戶就會寧願去貴一點的那家（當然也不能貴太多）。

可以讓客戶有驚喜的感覺，最常用的方法就是「贈品」。

一樣東西，其實本來就已經被列為基本成本了，但被刻意包裝成贈品，客戶就會有「賺到」的感覺。而要營造長期的好感，最好是打蛇隨棍上，當客戶確定要買一個東西時，此時突然加碼送他一個特別的禮物，客戶心知這東西是禮物，因為他本來就要買了，不用特別送東西給他，也因此他對這個贈禮特別感動。那種感動會深入他潛意識裡，將來他還會來這裡買東西。

這絕對是划算的投資學，當我們送他禮物，等於我們多花費一筆成本，但當這筆投資可以變成將來更多筆的交易，我們就知道，這筆投資實在非常划算。

黯然消魂第三法：不須知恩圖報，只要知道我對你好

人是有感情的動物。全世界也唯有對人可以用這種心理戰術。

雖然許多人喜歡貪小便宜，但更多人心中都有過去受教育所傳遞的社會價值觀，那就是要「知恩圖報」，原因在於今天你幫我，改天換我幫你，這是團體社會的一個潛在規則，人人都須遵守，若有人不願意這樣做，那麼萬一將來自己出事時，可能就沒有人願意幫他。

也因此，這社會有著「禮尚往來」的習慣。

今天我包紅包來參加你的喜宴，雖沒明說，但下次換我家有婚宴時，你也不能包得太少。當然也是有人厚著臉皮，就是想白拿人家，但這種人究竟是少數。

多數人的心理，我送你東西，你一定會過意不去。

因此很多業務員就善用這一招。

經常看到有客戶買保單，問他為何和這位業務員買，原因可能是：「我看他很努力，跑了那麼多趟，還義務幫我很多忙，提供我理財資料，不跟他買，我心裡『過意不去』。」

有句話說：「沒有功勞，也有苦勞。」特別是在同質性商品很多，客戶選哪一家品牌都差不多時，可以勝出的就是那個多付點苦勞的人。

這種情況人人都碰得到。

去百貨公司地下街逛時，有人提供「免費」試吃品給你，所謂「拿人手短，吃人嘴軟。」有些人基於「不好意思」的心理，就會捧場買個東西。當每十個試吃者，只要有一個願意買東西，那商家也就有利潤了。

或者，廠商提供你試用包，你都給人家用了，就意思意思買一下吧！時常，這「意思意思」成為你第一次消費該品牌，之後你便長期使用該品牌。這個「意思意思」可就非常有意思了。

懂得運用這種心理因素，帶點半強迫性質的互惠法則，也是業務員黯然銷魂攻心為上的一個高招。

只是這樣的招式也要用得巧妙，如果擺明了，就是我送你東西，等著你要回饋我什麼，或者送東西送得心不甘情不願的，邊送東西，邊叨念著「這東西很貴的呢！」那就會帶來反效果。

互惠法則加強版

➤ 送東西討好對方，想換取對方回饋。這是一種互惠心理戰術。但若心機太重，還是不能帶來好結果。

我有許多業務朋友，他們把互惠法則用得很嫻熟，但也絕不會讓對方覺得他們沒誠意。其實，很簡單，當一個人成為你的客戶，你就真正用心去關懷他，不用刻意營造，但卻也會變成一種互惠效應。

例如，好的業務員總是準備一個本子，記下客戶的生日或者重要日子，當這個日子到了，可以送點小禮，或者若擔心人人都送，花費太大，也可以只打個電話祝賀。

如果有可能，例如，在過年過節時，送個小記事本或者小桌曆。這些送禮的效應，不一定讓客戶繼續消費（例如，保險客戶，他已經買你的保單了，也不太會再增加額度），但他們卻可以幫你介紹朋友，增加你的業績。

練習讓客戶化被動為主動

針對你所屬的產業，請嘗試將本篇傳授的方法運用出來。

例如，你是百貨批貨商，你如何讓客戶想主動和你聯絡？主動表達購買意願？或者你是金融理財業，如何透過本章分享的方法增進你的業績？

再請將你的成功或失敗過程記錄下來，分析為何成功？或為何不成功？

Q 你從事〇〇行業，如何透過本章方法增進業績？

Q 將你的成功或失敗過程記錄下來，分析為何成功或為何不成功？

化骨綿掌

吃軟不吃硬的成交法

在金庸小說裡，《鹿鼎記》是一部廣受好評，甚至被倪匡評為全書系最好看的一套書。這也是金庸書中，唯一一部男主角本身不太會武功，全書武功著力也比較少的一部。

但看過《鹿鼎記》的人一定記得書中有一個常常出現的武功叫做「化骨綿掌」，這個功夫最奇特的地方在於出招時看似柔弱無勁，並且悄無聲息，一旦中招，立時內臟碎裂，筋催骨毀。是個表面陰柔，實則狠毒的陰險功夫。

我們做事做人當然不能走陰險路線，業務員更要光明磊落。本章將借用化骨綿掌的特性來論述業務成交的一種技巧。那就是靠著軟實力，來得到實際成交的結果。

問問世上所有的頂尖業務高手，他們並不具備什麼特異功能，都和你我一樣是凡人，但是他們如何打造出輝煌的業績？有的人口才一流，有的人對產品投入十分熱誠，有的人對客戶服務展現令人難忘的印象。但不論何者，都有一個共通點，那就是「所有的成交，都一定是客戶自己同意的」，最後的決定一定都是由客戶親口說出，絕非是自己拿著刀子壓在客戶頸脖上叫他下的訂單。

萬變不離其宗，歸納所有成功業務作法的最終目的，就是要打動客戶的「心」，而所謂「心」，其實是指「腦」。

唯有打動客戶的心，也就是讓客戶的「腦」可以接受你，生意才能成

交。

這是個很基本的道理，但是為何很多業務人員不懂得將重心放在「對方能否接受」上，而是一味地將重點擺在「自己如何說服對方」這件事？

由於將重點擺錯了，許多業務員因此經常覺得自己的工作推展困難。就像一個成語「緣木求魚」，當重點不對，再怎麼努力都難有成。

其實只要懂得抓住對方的心，讓對方的「腦」接受你，那業務工作便可以事半功倍。

投其所好，才能打點得分

你一定曾經聽過這樣的問題：「送禮季節到了，要送什麼禮物最好呢？」一般人常犯的錯，是送「自己喜歡的禮物」給對方，並且心想，反正我是送禮，誠意到就好，就算送錯對方也不會計較。

理論上是這樣沒錯，但既然送了禮，當然也是希望禮物符合對方需要，而不是當你一走，他轉過頭就把禮物丟到櫃子的角落。

也會有人參考雜誌或網路上的送禮建議，上網查就會有很多聖誕節送禮票選前十大清單，以及各種星座的人最喜愛的禮物等等。

但其實，最佳的送禮方式應該是送「對方喜歡的禮物」。

由於親疏有別，除非是親如夫妻或兄弟姊妹，否則不見得知道對方喜歡什麼。也因此，若有一個人可以送禮送到你真正很喜歡，這代表那個人很瞭解你，不然就是對你很用心。不論何者，對你都是一種正面的推崇。

假定可以把這樣的原理用在業務員銷售東西給客戶的心境上，讓顧客覺得你真的「瞭解我的心」，那業務員將無往不利。

那麼要如何投其所好，抓住客戶的心呢？

最重要的一件事，就是瞭解客戶的價值觀。

世界上任何頂尖的業務員，一定都是善於判斷對方價值觀的人。有的是透過豐富生活經驗懂得察言觀色，據以推論出客戶的喜好，更多的則是透過適當的交談，讓客戶自己暢所欲言。

世人有百百種，價值觀也大異其趣。

業務員最常犯的錯，就是「自以為是」。曾聽過業務老鳥教導業務新人，會說：「我吃過的鹽，比你吃過的米多」，他們教育新人：「『依照經驗』客戶就是喜歡什麼，你跟他推銷這個準沒錯。」

但若以這種心態做事，也許老鳥單憑流利的口才，可以有一定的業績，但終究會遇到一個瓶頸。至於新人，若一味地依老鳥的傳授去做，不明所以，只是照本宣科推銷，那結果就會很慘。

我曾碰過各種客戶，以手機為例，買手機的選擇依據，有的是選擇價格，有的是選擇品牌，有的是看功能多寡，這些還算是基本的挑選類向。但更多的人是搭配多重價值觀，往往那些表面上價格便宜、功能齊全等等因素只是表象，真正讓他們下決定購買的因素，其實是更深層的價值觀。

例如，有人喜歡某款手機，是因為這手機讓他想到他的母親；有人喜歡某款手機，是因為他是某歌星最死忠的歌迷，該歌星就是用這款手機。

只要抓到重點，業務員不用口沫橫飛地說一大串，就可以成交。相反地，沒抓到重點，業務員是一味地宣傳這手機功能多棒，是最新的規格，畫素多少等等，客戶心裡只會三條線，覺得跟我說這些做什麼，他想要快點走人。

問題在於那些深層的價值觀客戶是不會主動告訴你的，只能靠業務員去挖掘出來。

我常告訴朋友，好的業務員如何說很重要，但是如何聽更重要。

當業務員說話時，不要一味地吹捧自己的產品有多好，產品對客戶有多好，其實客戶對這些事不會關心，他們真正關心的事是「對他自己有多好」。

所以最好的業務員，說話只是一個引子，重點是引導對方去說。

其實每個人都有潛在的發表欲，只是不會輕易地對人傾吐，更何況是對陌生的業務員。但只要問對問題，對方就會一步一步的往下說。

好的業務員重視發話順序：

舉個例子來說，同樣是一段產品介紹詞，出現的順序不同，最後結果就完全不同。

業務員甲，遇到客戶A，他直接和客戶A介紹產品，他說：

「本產品符合最新的流行趨勢，安裝了網路社群介面，可以讓你和網友交誼更順利，其人性化的介面，讓操作更簡單，曾經用過的人，都說這玩意兒好酷！……」

另一個業務員乙，同樣遇到客戶A，他先和客戶A聊天，瞭解他的興趣喜好，再「回答」他的問題，說的是一模一樣的上面那段台詞。

最後客戶A會選擇跟誰買？一定是跟業務員乙買。

為什麼同樣的一段話，卻會出現不同的結果呢？

因為順序不對，結果就不對。

對客戶A來說，業務員乙說的話，是真正回應「客戶A的需求」。

至於業務員甲，只不過是在說「他自己的好」。

同樣一段話，影響力天差地遠，只因感知的焦點不同，

任何業務員只要可以做到，讓客戶覺得「是為他做決定」，就可以成功。

在和客戶聊天的過程，透過一層一層的發問，只要讓客戶自己開口說，業務工作就成功一半了。但也不要緊迫盯人，像在考試一樣，那對方反而產生警戒之心。

當客戶能卸下心防和你一直聊的時候，你不但可以做成這筆生意。並

且還因為從話中瞭解他的價值觀，可以做成長期生意。

最糟的一種業務員，就是擺明一副「你趕快下訂單吧！因為我需要業績，你下單，我這個月業績才會過關」，這種擺明只把客戶當成金主的態度，是最要不得的。

更常見的業務員是很認真地施展其三寸不爛之舌，不斷和客戶洗腦。如果銷售的商品金額單位只有幾百元到兩三千元，那這招可能有用。若是單價上萬元以上的商品或服務，那麼只靠一面倒的銷售是難以成功的。

最根本的成交術，還是將發話權交給客戶。

因為，只有他們說的才算數。

特例

▶ 要瞭解客戶價值觀，才能投其所好，提供最適合對方的建議。

前面說過，擺明要衝業績才推銷產品是最要不得的，但有一種特殊情況，是業務員刻意地和客戶說，他這個月的業績不好，需要這筆訂單，結果反而促進成交。

其實這個例子並沒有違反本章所說原則，原來，這個業務員已經和這個客戶聊過天，並且也知曉這個客戶的價值觀是「重友情」、「重誠信」、「愛助人」。所以當業務員以交朋友的心態和這個客戶聊天，並且擺出「我把你當朋友，而不只是客戶，因此我的祕密都告訴你，我這個月的業績有點慘，這筆生意對我很重要。」這一招，就立刻見效。

實際上，這個業務員也真的和這位客戶變成朋友，不是在說場面話。一個虛假的交友台詞，對方還是會感覺得到，唯有真誠才是成功關鍵。

關照需求，事半功倍

希臘神話故事裡，有一位英雄名為阿基里斯（Achilles），他有著超乎常人的神力和刀槍不入的身體，在特洛伊之戰（Trojan war）時，是令所有敵人生畏的戰神。這個似乎永遠無法打倒的英雄，最後因為被箭射中他全身上下唯一的弱點——腳後跟，於是英雄最終倒了下來。

對業務員來說，每個客戶各不相同，有的客戶本來就想買東西，比較好成交，有的客戶卻打從一開始就抱著和你對立的態度，很難對他進行銷售。但是不論是哪一種人，絕對都有可以行銷切入的點，這件事「毫無例外」。

一般認知的業務技術，是「兵來將擋，水來土掩」。客戶每提出一個問題，我們就攻破這個問題。

好比如說，客戶說：「這商品太貴了。」你就跟他說：「好的東西，當然值得貴一點的價格，但以長遠來說，現在買貴點，但可以用得更久，其實更划算。」

或者是，客戶說：「我要回家和家人討論看看」，你就跟他說：「你是很重視家庭的人，我就欣賞你這種人。我支持你，同時我本身更想知道你本人的意願，若你想瞭解更多，我可以和你介紹。」

又或者是，客戶說：「這商品別家也有，功能更好」，你就跟他說：「你真的是很優秀的人，對市場行情非常瞭解。相信像你這麼專業也一定清楚，我們的產品比起別家來說更重視實用面的應用，去除掉一些花俏不實際的功能，讓成本低些更符合你的需求。」

基本上，這些都屬於「攻擊型」的業務法，實際上，這些方法也都一定用得上，我曾在上一本著作《成交，就是那麼簡單》裡提出相關的說明。

在此，我要介紹的「攻擊型」業務法雖然有用。但如同我在本章所說：「攻心為上」，若能站在客戶角度，藉由他們的心境變化，讓他們主動的想要下單，這樣不但可做成這筆生意，還可以建立長遠關係。

每個人都用價值觀做事情，如果我們用阿基里斯來比喻，那就算一個表示「就算死也不買」的人，他一定也有他的罩門。

在此，我們不用攻擊法的模式，把這罩門說成是他的弱點，而是要站在對方的角度想，這個罩門就是他有需求的地方。除非對方只是不問是非的硬逞強，否則只要我們真正抓住對方需求，就像我們知道阿基里斯的弱點，一樣可以銷售出商品。

例如，我們的客戶就是阿基里斯，當我們銷售他任何武器、防身器具，他都笑笑地說他不需要。直到我們說出，那我們賣你一個專門可以保護腳後跟，保證連箭都穿不透的腳踝護具，你買不買？

我敢跟讀者打賭，阿基里斯一定立刻跟你買。

同理，

這世界上沒有不買單的客戶。只有不懂客戶需求的業務員。

我常告訴業務朋友，聽客戶說話，要聽得到他表面上的話以及他「沒有說出口的話」。

如同佛洛伊德（Sigmund Freud）所說，人有「自我」、「本我」、「超我」等存在的意識。有時候甚至連當事人都不曉得，他為什麼喜歡某件人事物，要層層分析，才能直抵問題核心。

當然，我們不是心理分析師，和客戶聊天也不能問太私密的問題。但是透過簡單的問句，還是可以瞭解客戶的喜好，在下一章我們會傳授和客戶溝通的方法，在此先分享基本概念。

就以交女朋友為例，雖說愛情是不可理喻的，但在愛情之前一定有一個「好感」階段。也許愛情無法分析，但如何「產生好感」卻一定有方法，這就跟業務推展的道理一樣。

我喜歡一個女孩，會先瞭解她喜歡什麼，透過簡單的聊天，你可能可以聽到「第一層說法」，她喜歡認真、踏實的人。但是其實多數的女孩子都會這樣說，那麼更深層來說，到底她真正喜歡什麼樣的人呢？

透過各種進一步談話，你就會發現，她喜歡踏實的人，因為她自己的家庭關係，父親早年工作不穩定，讓她母親很辛苦，也讓她的童年比較不快樂。再進一步瞭解，她其實是喜歡一種安全感，一種不再擔心沒錢過日子的感覺。而這些感覺，她是不會對你說的，甚至，她自己本身也不一定知道，她潛在害怕的是什麼。

當一個男孩有意無意地在她面前展現了思慮周密，做事貼心的特質，可以時時關照她想法，讓她「不會擔心」。久而久之，她就一定對這男孩比較有好感。

同樣的招式，用在其他女孩身上就未必合用了。也許有的女孩會覺得這男生怎麼婆婆媽媽的，跟他相處一定很累，或者這男孩什麼都照顧到了，一定是個大男人主義者，跟他在一起將來不會自由。

同樣的作法，對於不同女孩就有不同影響。

業務工作也是這樣，你可以跟甲客戶說：「這商品非常划算」，對於他的經濟條件，非常適合。對乙客戶則說：「這商品符合他的社會地位，可以代表一種形象，也很有個性品味。」對丙客戶說：「這商品講究實用，對於商務人士來說，非常方便，可以成為他工作上的利器。」

做為成功的業務員，絕對不能只有兩把刷子。

因為，我們所面對到的客戶，其價值觀可以有成千上百種。

這是壞消息，也是好消息。

壞消息是，因為這就代表沒有一套能夠處處討好的共用模式。好消息則是萬變不離其宗，最終的關鍵只要從客戶身上挖掘就有答案。

業務銷售談到終極，我們賣的任何產品，總歸一句話，就是「賣價值觀」。

買賓士的人，買的可能是一種社會地位；買BMW的人，可能買的是安全；買手機的人，可能買的是同儕認同感，不希望自己落伍；買名牌包包的，可能買的是自我犒賞的滿足感。

對於客戶來說，除了有關「真正」要買的價值觀好處說明外，其餘業務說的話都是廢話。符合他的價值觀的，就算掏光錢包的錢他也願意，不符合價值觀的，業務員說破了嘴，他也一毛錢都不想掏。

就像「化骨綿掌」一樣，厲害的招式不需要擺動大動作、氣勢磅礴地發功，只需輕輕地對客戶一推，就可以將顧客的心整個融化。

只要改變思考態度，就可以對客戶產生很大的影響。

今天起，與客戶交談，試著將心態：

1. 從「要我賣你東西」，改成「我要幫助你生活更好」

2. 「你不只是我的客戶，我也希望真心瞭解你成為你的朋友」

3. 從問「我想為你做什麼」，改成「有什麼是我可以幫你做的？」

4. 從「Q&A和客戶對立」的角度，變成「傾聽需求，站在客戶同一邊的夥伴」

一般人聽到業務員都有點退縮，但當找醫生時，又希望對方全心關注自己。因為前者是業務員，後者是顧問。

今天起，讓自己是客戶眼中的顧問，而不要只是賣東西的業務員。

關照需求法則加強版

- 關照需求，瞭解價值觀這樣的概念。不只適用在業務員對客戶，也適用於我們和身邊周遭人的關係。一個企業家或專業人士，一定要多累積人脈，才能讓自己事業更擴展，也就是說，多結交貴人，每個貴人也都是我們人生重要的客戶。
- 該如何多認識貴人，增加新客戶呢？請記得，碰到新朋友時，內心一定要想著一件事：「我能夠為他做什麼？」
- 相信我，付出反而收穫更多。

別人為何要跟你合作

請試著寫下：

Q 別人為何要和你合作的理由？

....

....

....

....

....

Q 列出幾個不同產業的朋友，寫下你可以為他做什麼？

Q 跟你合作，對他有什麼好處？

Q 列出別人為何要和你買產品（或服務）的五十個理由：

（如果連你自己都找不到很多理由，那客戶怎麼有理由跟你買商品呢？）

凌波微步

好的溝通讓業務員成交更輕鬆

《天龍八部》裡的段譽是個帶點喜感的人物，他出場時像個書呆子又像是個公子哥兒。後來他卻學成了三大奇妙武功，亦即「北冥神功」、「六脈神劍」以及「凌波微步」。

這「凌波微步」表面上是種輕功，其實還蘊含著六十四卦陣法以及內力催息的轉動。在展現出高效率的巧妙步法的同時，其實要有足夠的根基。

業務員要做好銷售，最重要的就是溝通，好的溝通讓事情有效率地完成，不必開馬拉松式效率不彰的會議，就可以獲得雙方都滿意的結果。在人人時間有限的現代社會，一個懂得溝通的業務員，受人歡迎。就像「凌波微步」，快速成交，令人讚嘆。

在上一招「化骨綿掌」談到了業務員銷售要從「心」著手，透過客戶的價值觀，讓他們主動對交易發生興趣。

所謂從「心」著手，就要透過適當的溝通。

對於任何人、任何狀況，不論是客戶有買賣的需求，或是朋友發生困難要幫助他，或者是家長和孩子們的互動，都可以善用兩個方向的溝通法。

所謂兩個方向溝通法，就是指「向上歸類法」以及「向下歸類法」。

向上歸類法；往上溝通法

在許多演講的場合裡，我們經常見到銷售大師或政治人物，或者著名學者，他們是如何讓全場觀眾立刻聚焦在自己身上的？他們的方法就是先營造出「共同感」。

例如：

政治人物會說：「我們都是為了這塊土地打拼，追求未來更幸福發展的人。」

宗教人物會說：「我們都是神的子民，瞭解祂為我們承受的罪。」

銷售大師會說：「我們都是一樣的，為了追求更好的收入，帶給家人更多幸福而努力。」

原本大家環境背景各異，你是你，他是他，各不相干。但成功的人士，他們可以藉由演講，藉由發表宣言，把你我他，把每個人融合成同一個個體。一變成個體，你就莫名其妙對他有認同感，有親切感。

這種溝通方法，就是典型的「向上歸類法」。

所謂的「向上歸類法」。

例如，說到蘋果，你可以說它是一種水果；再往上歸類，它是植物的果實，是植物的一部分；再往上歸類，它是大自然生物界的一環；再往上歸類，它是地球的一部分；再往上歸類，它是宇宙的一環。

牛頓不就是透過蘋果，找出「萬有引力」的理論。至今，人們想到蘋果，還是會想到牛頓，想到宇宙法則，這是在全世界共通的。

談到蘋果，也可以說它是蘋果電腦的象徵，它是電腦界的一個知名MARK，它是網際網路世界發展的一個重要符號，它是人類進步的里程碑，它是文明發展的希望。至今也是全世界共通的廠牌，蘋果公司的logo，代表了電腦科技，代表了手機科技，代表現今的各種科技。

同樣的，蘋果還可聯想到伊甸園以及人類的原罪，可以想到青少年的禁忌，以及各種欲說還羞的事。

每當往上歸類一層，就可以讓更多人認同你。透過這種方法，不論是做業務或者宣傳理念，或者和孩子溝通，都很有效。

當和一個陌生人初次見面，透過向上歸類可以快速拉近距離。這世界，任何兩個人一定能夠找到「關係」。

向上歸類時，可以多問為什麼？或者你覺得可以為你帶來什麼意義？透過這樣的問句都可以找到共識，俗話說：「要有共識，才能共處一室」

例如，有間公司因為員工工作很認真，業績超級好，於是老闆想帶大家出國放鬆，但是有些人說要去泰國玩、有些人說要去香港玩、有些人說要去韓國玩、每個人都七嘴八舌，就沒有辦法討論出來結果。

這時候就能運用「向上歸類法」，因為「向上歸類法」是尋求共識。

此時，經理出面了，說：「我們出國的目的，就是要讓大家身體舒壓放鬆一下，對嗎？」

所有人都說：「對！」

經理：「既然大家是要去放鬆一下，所以我們大家選的地點，只要可以讓大家真正放鬆就可以，所以我們直接去泰國好了」

所有人都認同。

要化解紛爭，肯定要「向上歸類」。

甲同事跟乙同事在吵架，經理當和事佬出來一定說一句話：

「大家不要吵了嘛！總而言之，你們都是為了這公司好嘛！對不對？」

相信這時候不會有任何一個同事說：「不對」。就算原本吵架不一定是為了公司好，這時也不得不悶著頭承認「自己是為了公司好。」

好了，那麼大家「目標一致」，也就沒什麼好吵的了。

在一個社交場合，兩個人之間一定或多或少會有同鄉、同校、同樣居住地、同黨、同樣地方當兵或任何的相似點。

就算是一個地點，也一定可以延伸出彼此的相同關係，他說他住台南，你可以說很巧，我就是在台南當兵的；他說他是台大畢業，你就可以說我的大恩師正是台大教授；他說他是客家人，你可以說我的女朋友、我最愛的人就是客家人。總之一定可以牽扯到關係。一旦牽上關係，彼此就「不再是陌生人」。

當要追一個女孩子，第一件要做的事一定也是「向上歸類」。

「你喜歡看這本書喔！為什麼？」、「因為喜歡這個作家」、「太巧了，我也喜歡這個作家耶！」

「你在聽誰的歌啊？」、「周杰倫，我超喜歡他的歌。」、「為什麼？」、「因為他的歌可以讓人放鬆。」、「我也是這樣覺得。」

這些話都好像是一道道門，通過這第一句話，才可以開啟下一個話題，開始聊這本書如何，或者我最喜歡周杰倫的哪首歌。一道門通往另一道門，兩個人越走越遠，就從陌生人變成朋友了。

成功的業務員一定也是善於「向上歸類」的高手。

因為人都是自私的，都是為己的，只是這個「己」範圍有多大。自己個人是「己」，我的家也是「己」，我們社區是「己」，我們國家也是「己」。

每個人的通性都對自己人會比較好，對「外人」就一定會打折扣。

業務員常犯的錯是將自己和客戶像畫一條線切成兩邊，業務員站在線的這邊，要說服站在線那邊的客戶買東西，結果這是場「拉鋸戰」，你拉他一把，對方又退一步，你拉他推，好不容易你把他拉過來，但兩方也都筋疲力盡。你會想這個錢好難賺，客戶則是想，他雖然買了但還是有點心不甘情不願。

成功的業務員則喜歡畫一個圓，這個圓本來是在客戶的頭上，業務設法把他的圓放大，讓「兩個人都站在同一個圓裡」。

其溝通法就是「向上歸類」。

「先生，你在看這款的手機喔！剛好，我個人也很喜歡這款手機，我們都是品味相同的人。」

「小姐，你的服飾配件是BurBerry系列，我的妻子也很喜歡這一系列，我一定可以跟你聊得來，你有什麼需求，跟我吩咐，我都可以理解。」

做業務員的第一步，絕不是拉客戶靠向自己，而是自己設法靠向客戶。

在伊斯蘭教故事裡不是有句名言嗎？「山不來就我，我就去就山」。

世界上最遠的距離是我和你面對面，卻無法瞭解對方的心事。相對的，世界上最短的距離，就是你我是「一國」的，心心相通就零距離。

都已經零距離了，那要銷售商品，也就變得容易了。

向下歸類法；往下溝通法

「向上溝通」可以拉近距離，可以讓彼此站在同一國。

但純粹「向上溝通」，只能理念相通，不能「解決問題」。

舉個例子來說，有個人車子壞掉了，這時他最關心的，是如何排解困難，而不是想瞭解車子的品味。

這時修車人員會問：「車子怎麼啦？」

客戶會描述車子拋錨動不了了。

維修人員會繼續問：「哪裡動不了？是什麼樣的情況？是熄火？還是引擎故障？」

許多問題，客戶也回答不出來，因為他們會開車，但不一定懂車的結構，此時維修人員會透過一個個問題，問出真正的關鍵，然後對症下藥。

一個好的業務員會先透過「向上歸類」，和客戶拉近距離。也會用「向上歸類」，和客戶達成共識。

所謂共識，包括了我們都是要找一支好的手機、都是要找一個好的電腦解決方案。接著，就一定要採用「向下歸類」法。

隨著不同商品的形式，有著不同層級的「向下歸類」。一個簡單的幾百元商品，可以只要問幾個問題就足夠，但如果是幾萬元、幾十萬元的商品或服務，那就要透過更多層的「向下歸類」，來找出符合客戶的需求。

簡單來講，就是一個問題引出另一個問題。

像剝洋蔥一樣，客戶的需求，不是面對面第一眼就可以判斷，透過一層層問，能問出客戶潛意識的需求。此時，針對他的需求提出商品訴求，往往就可以直達紅心，立刻讓客戶同意下單。

在心理學，若要分析一個人的狀況，要提出很多的問題。在銷售學上，我們不用那麼複雜，要讓沉默的客戶開口，只需問出「5W1H」就好。

太多的業務，只顧著自己說，不懂聽客戶說。別擔心問問題客戶會不耐煩，只要你的問題，是發自內心的關心，那麼人人都願意回答問題，並且可能說出來的比你想像的還要多。

所謂「5W1H」人人都知曉，就是「What」、「Why」、「When」、「Where」、「When」以及「How」，重點在於什麼問法，是真心關心想聽聽對方怎麼說？還是興師問罪般要對方從實招來。那感覺及效果就不一樣。

例如，客戶買手機，你會問客戶想要什麼款式？客戶可能回答一個大概，也可能回答說他也不知道，要到處看看。接著可以問Why，為什麼要買這款或者為什麼想買手機。依照對方的問題，再持續細問，就會找出客戶真的想要的是什麼樣的手機。

以手機做例子比較好明白，畢竟一般人買手機大部分都是主動去店裡選購，差別只在買哪一款而已。

那麼再以較難的高單價商品為例，假設你要推薦一個價值五十萬元的理財套裝專案。

舉例來說，某理財公司，因為創辦股東之一和某家小企業老闆是同學，透過這層關係，理財公司想做成這個老闆的生意，派了一個口才最好的業務張先生去洽商。結果張先生去做了兩個小時的簡報，他眉飛色舞，手舞足蹈地做了精采的簡報，結果對方顯然沒什麼意願，甚至老闆因為前一天工作太累，聽簡報過程還稍微打了瞌睡。

張姓業務員回來就報告說，這家公司沒什麼指望了。

此時換林姓業務員，他說要去試一試，他以上次的報告還有點東西要補充為理由，又約了時間，這個企業老闆看在以前同學的面子，勉強同意會面，但只給了半小時的時間，表示自己當天還有其他會議要開。

就這樣林姓業務去拜訪這位老闆了。

他的第一步驟，就是「向上歸類」。

「王老闆，你的辦公室很雅緻啊！真是典型的儒商，我看這些字畫，都是宋朝的作品。敢問王老闆你也是書法協會的成員嗎？」（其實，這件事林姓業務已經事先調查過了，拜訪前做足功課）

「是啊！我是書法協會成員，林先生你也是嗎？」

「老實說，本人功力太差，還沒資格加入，但書法協會幾位老師張恩師李恩師等也算我的師父，我還在學習中」

一席話下來，雙方已經變成「同一掛」了，王老闆的態度也開始轉變。接著聊起理財，再繼續往上歸類，雙方都是「希望財富穩健中成長」

此時開始「向下歸類」。

「王老闆覺得怎樣的財富境界是你要的呢？」

「我希望能夠創造更有效率的金流，每月收入還要再多些。」

「敢問王老闆，你現在事業也算挺成功的，在業界頗有名氣，公司營運應該也很不錯，為何覺得金流還要加強呢？」

「林先生你有所不知，我年輕的時候因家庭環境不好，吃了不少苦，現在我事業有成了，我不希望孩子受到和我一樣的苦，我要它們受到更好的教育。到英國念書。栽培孩子不容易啊！我算過要栽培我那兩個寶貝兒子在英國念完大學，將來還要有點資本創業，我覺得現在的收入還有待加強啊！」

接著，就繼續問他有關孩子在哪裡念書，何時唸完中學，要申請英國學校，可能念的學校有哪幾間等等。

說到後來，其實變成主要是王老闆在說話，原本說好半小時，但王老闆說到興起，自己把後面的會議取消，他們談了超過兩個小時。

林姓業務只是專心聽就好，至於理財方案反倒沒講太多，只確認一個大方向後，細節另日再談。但是他也做成了這筆生意。

在業務或者生活中各種場合，只要抱持著「讓對方當家」的概念，往往可以得到很多收穫。

但是所謂讓對方當家，不是你不說話，聽對方說，對方就會說，往往變成雙方都不敢說話，那樣反而氣氛非常尷尬。

在此善用本篇談的「向上歸類」，以及「向下歸類」。一定能夠帶來很好的影響。

練習「向上歸類法」及「向下歸類法」

針對你所屬的產業，請試著運用本章講述的方法。

Q 當面對你的客戶時，你如何運用「向上歸類」拉近彼此距離？請具體落實，並記錄下來你的成果。

Q 當面對成交時，你如何運用「向下歸類」達成交易？請具體落實，並記錄下來你的成果。

九陰白骨爪

讓業務員成交的三大心理法則

在《射鵰英雄傳》裡，有一本人人聞之色變的經書，叫做《九陰真經》。在學過此本經書的高手之中，有一個人叫做梅超風。

她可以透過五指發勁，穿透岩石如穿腐土，那勁道甚至可以隔空傷人。這種無堅不摧的「穿透力」，想必是所有業務先生、小姐們最渴望的功夫。

因為這世界上最難的兩件事，一件是「把自己的觀念放到別人的腦袋裡」，一件是「把別人的錢放進自己口袋裡」。這兩件事都需要穿透客戶那硬梆梆的腦袋啊！

如何讓客戶買單，這是所有業務員最關心的事。

即便我們該做的都做了，產品夠好，我們也夠努力地介紹，只差沒有磕頭拜託了，但心堅如石的準買家可能對你的誠懇介紹，連「哼」一聲的回應都沒有。只是看一看，點個頭，然後轉身離去，留下心在淌血的你，繼續帶著受傷的心面對下一個客戶。

其實，顧客的心沒有那麼硬，也許你只需要再使一下勁，就可以穿透他們心防，促使他們做下交易的抉擇。

看看那些電視購物的大師們吧！他們連客戶的面都不用見，只須對著攝影機講話，然後民眾就紛紛來電「搶購」，晚打的，還買不到呢！

這些電視購物高手真的深諳「九陰白骨爪」，可以隔空催訂單，突破客戶心防就好像梅超風捏碎岩石一樣容易。

以下就為你分享成交的三大心理準則：

第一準則：稀有準則

有句話說，物以稀為貴。一個東西的價值，分成「絕對價值」和「相對價值」。

「絕對價值」不會變，一杯水，就是一個氧加兩個氫，人人熟知的H_2O；一顆鑽石，就是碳元素組成的晶體。但「相對價值」讓一件東西，有了不同的價格。

一杯水在台灣的餐廳也許可以喝到飽，也不用付半毛錢，但在沙漠地區，一個旅者可能願意出一萬元跟你買水。如果這世界俯拾即是鑽石，那你想鑽石還會值錢嗎？

人的天性是東西越珍貴，就越想擁有，如果這個珍貴的東西又可以用一般的價格就取得，那就觸動了購買欲。也許這東西其實你根本用不著，但在心裡的天平上，稀有性已經壓過實用性，客戶會告訴自己，先搶先贏，拿到就賺到。

賺到什麼呢？當然是賺到「我有，你沒有」這件事。

說起來很誇張，人為何如此不理性呢？然而人性就是這樣子。

因此業務員要讓一件商品成交，若實務面已經交代清楚了，但客戶最後一道防線仍無法突破，此時請使出「九陰白骨爪」第一招，稀有準則。

君不見，購物頻道總是說：

「這件東西，限時！限量！限價！」

「只剩最後五件，晚來的就沒了喔！」

「目前是推廣期特惠價，公司賠售，每賣一件就賠一件。這樣的特惠價只到月底。下月調回正常價格，你就要多花許多錢才買得到喔！」

當然，不是所有產品都適用這招，例如，你拿著一瓶可口可樂，說這是限量的，那說服力就不夠。但如果這是周杰倫和蔡依林在上面簽名的限量瓶，那又另當別論。

基本上，如果一個商品是大眾化消費品，就不適合用限量這招，但可以用限時特惠這招，就算公司公定價格沒有所謂的優惠政策，業務員也可以拉著客戶的手到一旁悄悄說：「先生，我看你很識貨，也很有誠意，這樣吧！我用私人交情，員工價賣給你。」重點是「只有你可以享有喔！」

如果人家都把這麼「難得的」、「稀有的」機會分享給你，那麼就算心再堅定的人，也難免會動搖吧！

稀有法則加強版

- 稀有性的營造，不是光喊喊，這東西限量就足夠的。要輔以現場氣氛，讓客戶打心底覺得，「這東西再不買，就買不到了。」

  再次舉電視購物為例，因為這些主持人的「九陰白骨爪」真的爐火純青。他們賣一個商品，不會只喊賣出一個了，而是會用倒數的方式，剩最後五個，剩最後四個，剩最後三個………喊得好像全世界只剩這三個。實際上倉庫裡還有滿滿的商品。
- 稀有性加上神祕性，也是一種業務法寶。意思是，這商品很稀有了，但，你還可以獲得稀有中的稀有，其方法就是，「我偷偷告訴你」，搞得神祕兮兮的，讓客戶有一種「共犯」的快感。原本跟業務員不認識，這下卻忽然變成彼此很熟似的。到這階段，客戶要不買自己都覺對不起自己了。

第二準則：一致性準則

人這種生物，真的是奇怪。

人人都愛擁有獨特性，若買一件名牌衣服，在路上和人撞衫了，就氣得半死，連飯都吃不下。但如果一件東西，別人都有，只有你沒有，又會心裡不甘心。既想跟別人不一樣，卻又很多地方想跟別人一樣。如果一個業務員不懂得客戶這種欲拒還迎的心理，就難以攻破客戶的心防。

在心理學上有一個專有名詞，叫做「從眾效應」。這種現象常常可以在各種表演或演講場合看到。在歌劇院看藝術表演，只要有個人拍手，其他人就跟著一起拍，特別越是難以看懂的表演，或者聽不太懂的古典音樂，不懂沒關係，反正有人拍手就跟個拍，準沒錯。

這是因為人是群體動物，害怕被排擠。這是種根深柢固的潛意識，源頭在遠古時代，一個人若是落單，脫離群體，那就等著在野外被猛獸攻擊。演化直到今天，人們內心還是害怕「落單」。

一致性準則，在許多場合都見得到。

聰明的業者喜歡營造一個大環境的氣氛，包括房仲業、直銷業，乃至於汽車賣場銷售。當有一組物件銷售出去時，惟恐天下不知，一定要大聲宣布。當一組站起來，另一組又宣布賣出了，這此起彼落的聲音，不是說給業務員聽的，而是說給在場的客戶聽的。

意思是：「怎麼樣？大家都知道這是好東西，都紛紛買了，你難道要『落單』嗎？」

包括電視購物裡喜歡不斷強調「本商品現在最熱門，大家都在搶購。」甚至路邊攤外面排了長長一條龍，也都是使用這招。

人家都在排隊買了，你也不要落人後喔！

一致準則加強版

➤ 從眾心理，有個很重要的觀念：

這世界上，誰最能說服自己，答案是，自己最能說服自己。

當一個人排隊排很久，終於吃到傳說中的牛肉麵了。他一定覺得很好吃，其實原本也沒那麼好吃，但因為他已經排過隊，「終於」吃到這碗麵了。此時這碗麵價值立刻提升百倍。他一定會說好吃，難道要說「自己很笨，排半小時隊」嗎？

同理，在一個場合，大家都鼓掌，你也鼓掌，邊鼓掌你自己的內心也告訴自己，這一段音樂真不錯。因為這樣你不只提升商品價值，更重要是抬高自己的價值。

第三準則：權威準則

這世上是人人都不服誰，但表面上人人又都很謙恭。

兩個家長見面，一定稱讚對方的孩子聰明伶俐，哪像自己家這孩子皮得要死。但內心裡想的卻是相反「你的孩子我看不怎樣嘛！還是我家小明親和有禮，未來發展不可限量。」

但人人雖都不服誰，但人人卻也願意服從權威。所謂權威，不是指命令式的權威，在現代民主社會這種權威會令人反感。但相反地，另一種權威卻會讓大家心悅臣服，那就是名人權威。

爸媽帶孩子出去買逛街，孩子跟大人說：「這東西很棒，買給我嘛！」爸媽都說：「聽話，乖，不要什麼都亂買。」但孩子接著說：「可是老師有介紹這個，還說是馬雲推薦的喔！不買就落伍了。」此時爸媽心中開始遲疑了：「真的嗎？真的是馬雲說的嗎？」

為何是不是馬雲說的，這件事那麼重要？

這就是「名人效應」，名人效應表現主要有兩種形式：

第一：專業形式

「成功人士都穿○○品牌。專家學者都推薦○○商品」；

「根據科學實證研究，○○效用很好」；

「美國商業週刊報導，○○系統是未來的趨勢」；

……專家說的，你不服也得服。

第二：認同形式

「我是蔡依林，我喜歡這個牌子，相信你也喜歡。」

潛台詞是：「你不是說是我粉絲嗎？我推薦的東西你不捧場，那算什麼粉絲？」或者暗示：

「你覺得我美麗嗎？我都是使用這個品牌的東西喔！我沒直說是因為這東西我才美麗。但總之，我就是用這個牌子。」

另一種含意：

「我知道你愛我，支持我，你我雖然不能見面，但如果我們都使用同樣的商品，那是不是不論我們處在世界的哪個角落，都有一個共通的特點了呢？」

在業務推廣學上，「權威效應」具有很大的威力。

當一個客戶，對你的產品有百分之八十的肯定了，但很可惜，通常就只差那百分之二十，最後他還是不下單。

在此危急關頭，請趕快使出「九陰白骨爪這第三招」：

「其實，我知道你很喜歡這產品，跟你報告，周杰倫也是用這款耶！果然你跟他一樣是有才華型的人。」

這一招一使出來，客戶心立刻動搖了。

「周杰倫耶！我若買了，我就和他一樣酷！」

原本客戶的內心天平本就在搖晃遲疑中，這麼推一把，他終於決定掏出信用卡買單了。

權威準則加強版

- 「權威效應」在很多地方都看得到，諸如商品會找名人代言，或者廣告引用各種實驗數據都是。這些都是明顯的例子，但在生活中很多時候，其實廠商也是應用

  「權威效應」在推廣商品，只是你不一定看得出來。舉個最常見的例子，為何業務員出去拜訪客戶要穿的西裝筆挺，一方面為了社會禮儀，更重要的其實是為了穿出權威性。當和客戶見面時，經常視買方層級大小，一開始先派專員出馬，之後是中階主管。當交易只差臨門一腳時，老闆親自出馬，當老闆都出馬了，「我還能不給面子嗎？」這就是權威性。

- 「名人效應」非常有用。這名人不一定是要人人耳熟能詳的明星或政治人物。其實只要搭配制服，就會有一定影響力。眾所周知，醫師、律師在社會上地位不同，在一個銷售場合裡，如果連醫生、律師都踴躍購買，那這東西就具有一定説服力。

  此外，警察、大學教授、名作家等，光他們的職業也具有「權威效應」。許多企業家老闆，就算離開學校再久，也要設法再去考個EMBA，當他不只是某某老闆，也是某某碩博士時，賣商品的影響力會提高兩倍以上。另一個增加自己權威的方法，就是出書，現代人不愛看書，但肯定很尊重作者，當聽到你是曾出過書的「名人」，霎時，你賣的商品也就水漲船高。

  我跟名人買東西呢！客戶連作夢都會微笑。

練習成交三大心理法則

針對你所屬的產業，請試著運用本章講述的方法。

Q 當面對你的客戶時，你如何應用稀有準則達成交易？請具體落實，並記錄下來你的成果。

Q 當面對你的客戶時，你如何應用一致性準則達成交易？請具體落實，並記錄下來你的成果。

Q 當面對你的客戶時，你如何應用權威性準則達成交易？請具體落實，並記錄下來你的成果。

龍爪擒拿手

黏住客戶，業績擒拿到手

有許多武功招式，非武俠小說迷可能不一定記得住。但有一個招式是人人耳熟能詳的，這就是「擒拿手」。因為這不只是小說家創造的功夫，現實世界裡也有這方面的防身術。在武俠小說裡，搭配不同的武功派別，也會有不同的擒拿手功夫。

「擒拿手」可說是學武的基本招式，但發揮到極致也是上乘的武功。例如「龍爪擒拿手」，是丐幫的一門絕技，一旦對手被沾上身，被「擒拿手」一搭上，立刻就被困住，難以脫身。

業務高手們在面對不同的客戶對象時，若能善用業務擒拿手，也就可以讓業績手到擒來。

不同的產業，有不同的業務性質。

像我知道，直銷產業的商品銷售方法就和汽車業的銷售方法，有著根本上的不同。

但是業務員面對客戶的拒絕時，有很多方法是共通的。

甚至在不同的領域，包含男孩子追女孩子、員工說服老闆加薪，甚至公務人員說服民眾接受一個政策，經常也會用到這些業務擒拿法。

各大業務招式介紹

第一種方法：以彼之矛，攻彼之盾

在業務場上，拒絕的理由有千百種，但傳統的業務高手最常分享的就是這招。

其基本原理很簡單，不論客戶說什麼，都用這一招應對。基本公式就是把客戶反對的理由，變成我們要他購買的理由，如下所示：

舉例1

客戶：「你們的產品太貴了。」

業務：「對啊！我們的產品貴。就是因為我們把自己定位為健康產業的勞斯萊斯，我們的產品正符合你的身分。」

舉例2

客戶：「我平常不太用得到。」

業務：「對啊！你平常不太用得到，這就代表，過去你一直沒有找到對的產品。現在你使用我們產品，我保證你愛上他，然後會養成天天使用的習慣。」

舉例3

客戶：「我沒有時間參加。」

業務：「對啊！就是知道你很重視時間，所以我們推出的這堂課可以幫你有效率應用時間，更快賺到錢。」

舉例4

客戶：「我不能作主，我要回家和妻子討論。」

業務：「對啊！我就是看出你是這麼愛家的人，所以極力和你介紹這產品。相信你妻子一定也會支持你的。」

舉例5

客戶：「我覺得別家的產品好像更好。」

業務：「對啊！這產品已被證明對人體很好，所以現在競爭者眾，更證明這是值得買的商品。我知道A廠商很好，他們有特色，B廠商也不錯，他們重視設計感。今天有機會我們交流，我介紹你認識我們家產品，你就知道，我們的其實更好。」

寫到這裡，相信任何一位讀者都可以瞭解這套公式。

我常讓我的學員互相扮演客戶與業務員，提出的問題越古怪刁鑽越好，結果，不論怎麼問，用這套公式一定可以找到應答的方法。

甚至有學員把這招用在追女孩子上。

女孩：「我覺得我們個性不合，不適合交往。」

男孩：「對啊！就是因為個性不合，所以我們相處更有火花。你看，我們之前外出逛街，不是因此更添樂趣嗎？相信我，我們的個性可以在不破壞自己本性下，磨合的更好，終會變成最佳一對的。」

真是百試不爽，見招可拆招的高招啊！

第二種方法：預先框示法

由客戶主動出擊，也許我們可以應對，但畢竟我們和客戶不是對立的。也許客戶覺得我們回答得很好，但這不是口才競賽，究竟要如何才能

說服客戶呢？

有一種方法是化被動為主動，由自己設計問題，讓客戶進入到這問題框框中，到時候要應對就比較容易。

好比如說，有一次在我的理財課上，課程即將結束時，我問了大家一個問題「如果五月二十八至三十號這三天，我們舉辦免費課程，有興趣來的朋友請舉手。」

很多人舉手了。

這時請注意，我提到的這三天，這些朋友都舉手了，那代表著一件事，那就是這些朋友「那三天都有空」。因此，之後我如果要在那三天辦收費的活動，這些朋友就不能再以「我沒空」當藉口。

同樣的原理。一個業務員會事先演練，客戶可能會提出什麼樣的問題，然後事先想好因應策略。

最常見的是和錢相關的，包括「總金額太高，那可不可以分期付款呢？」、「不是想買全部商品，可不可以先買部分呢？」

在和客戶對話時，我會先確認他們的問題，當對方反應和錢相關的時候，我就會問：「是不是只要解決了錢的問題，其他就好談了呢？」

通常這時候客戶就會專注在錢的問題，我就把之前想的各類問題包含分期付款等方案提出來，客戶若想再找其他理由拒絕，因為剛剛已經把問題限定在錢這件事上了，他也不方便再改口，通常就可以成交。

三F法則

這也是一種可以套用的公式，所謂「3F」，就是指「FEEL」、「FELT」、「FOUND」。

「FEEL」是指「現在」的感受。

「FELT」是指「之前」的感受。

「FOUND」是一個結論，是指「後來」我發現。

將這三個句子套用在業務話術上，這是一種「先和客戶站在同一邊」，再來引導他朝你要的方向走的招式。

舉例：「客戶抱怨我們的服務模式和一般廠商不同。」

業務員：「李先生，我瞭解你『現在』的感受。事實上，『之前』我自己剛加入這裡時，也覺得為何要採取這種第三方寄送方式，『後來』我才明白公司制度的深意，透過這種方式比較客觀公正，其實交件也比較迅速。」

用「3F」法則的優點，是透過簡單的談話，讓客戶和你很快變成「同一國」的，因此你後面說的話他比較聽得進去，彷彿你代表他，經歷一個新的情境，你透過「現在」、「過去」、「未來」三階段和他分析，客戶比較聽得進去。

這套公式同樣可以使用在各種情況。

客戶表示這產品他覺得比較貴。

業務員：「我知道你現在的感受，其實我之前有很多客戶也是這樣反應。但是後來屢試不爽，這些客戶都對這產品讚賞有加，並且紛紛地跟我說，這產品幫她解決很多問題，雖然價格貴一些，但長期來看，因為效率好，所節省的成本其實更多。」

甚至我們和朋友來往，例如，男孩聽一個女孩講述她的困擾，如果善用這一招：「我瞭解妳的心情，因為之前我也曾經歷過，後來讓我悟到了怎樣才能讓心情更舒緩的方法，讓我和妳分享好嗎？」

採用這種方法，絕對會讓聽的一方感覺很受用，是一種打動人心的說服術。

讀者不妨也來試試看。

重新加框法

「重新加框法」或者稱為「換框法」。

任何一件事一定有很多面向，我們若一味的跟著客戶的反應，很容易就被客戶牽著鼻子走。

一個好的業務員要懂得將客戶的話重新詮釋，以對方可以接受的新角度重新切入，主導一場好的交易。

「換框法」有兩種模式：

狀況換框法

同一件事換另一個角度來看，缺點會變優點。

例如，有人說：「我總是言行太大剌剌的，粗線條的，惹人厭。」

你們要回答：「我倒覺得跟你這種人一起一定很開心，是最佳的唱歌玩伴。而且你講話非常坦率，跟你講話不用耍心機，可以相處很自然。」

客戶：「我覺得我是個機器白癡，這麼高檔的車可能不適合我。」

業務員：「我倒覺得你是個很重感情、很貼近大自然的感性人物，不會像那些機器狂那般硬梆梆的不知變通，說真的，這款車其實設計符合人性，正適合妳這樣子種感性的人。」

「狀況換框法」的重點在於不是否定原本的事，也不去刻意改變對方原本的狀況。而是將他的狀況套上另一個框框。

當框框變了，情境就變了。也許因此就成交了。

內容換框法

「狀況換框法」是改變原本事務的適用狀態。

「內容換框法」則是改變這件事賦予新的定義。

例如，有人說：「我從小就被管得很嚴，所以我經常對自己沒自信。」

你可以說：「我覺得就是因為你被管得嚴，所以你從小就擁有滿滿的愛，家人怕妳受傷害，所以對你管得嚴。」

客戶說：「預算不夠」。

業務員：「如果我們重新定義成本。不要以現在買價來定義，而以長遠整體花費來定義，如果長期成本降低，是不是符合你的需求？」

當客戶提出了問題，我們用「換框法」，就可以用問題回答問題。

像前面所說，客戶有預算的問題，那我們就重新定義預算問題，並且要問客戶，是否這個問題解決了，你就不再有問題了。

如果客戶還是有問題，那就代表其實這不是他真正的問題，我們還要深入追蹤他的其他問題。

所以透過「換框法」也是一個可以找出客戶真正問題的好方法。

簡單來說，「換框法」就是引導客戶重新思考一件事，達到更好的想法。並且讓客戶因此想到，原來我過去是被另一個框框所框住，也許試試新產品新方法會更好。

善用「為什麼」

前面我們透過「換框法」，最後讓客戶回答問題。

客戶能不能回答問題對業務員很重要，因為成交與否的關鍵，就在客戶的回答裡。

就好像醫生看病，要知道病因才能對症下藥。但許多時候，感覺要由病患自己說出口，告訴醫生他哪裡痛、哪裡感覺悶悶的，許多症狀，光靠儀器不一定抓得準的。也好像打仗的時候，敵暗我明，我們空有一個師的

兵力，但不知道往哪開火，然而，一旦敵軍發炮了，師長一定大喜，因為找得到攻擊的目標了。

而客戶沒反應，就是最糟的反應。

客戶說不需要，不一定真不需要，其背後的意義其實就是不信任。他們心裡在想「真的嗎？是那樣嗎？一切都是行銷用語吧？」

他們可能認為東西聽你說得很好，但要怎麼證明呢？

只是這一切話語都只在客戶心底。

唯有當你適當的導引，這些話才會出口。一當話說出口，我們就可以對症下藥，就可以把火力瞄準正確的地方。

「感恩你剛剛提出的問題，接下來，就讓我針對你的問題詳細回答你」

「這是你心中的困惑嗎？如果我有辦法證明我們的產品可以做到，是不是就可以讓你購買起來比較安心呢？」

還有盡量讓客戶自己來回答，業務員則用話引導：

「如果……是不是就……？」

在和客戶應對的時候，要經常問到「為什麼」。

不要擔心客戶反感，一般人會討厭被追查隱私，被強迫做報告。但如果不是這類有關侵權的問題，其實一般人心中還是有一定發表欲的。因為這世界上除了大人物外，一般人很難成為焦點。唯有在消費的時候，客戶成了被關注的核心，內心裡他們很願意發表意見的。

於是業務員可以適時地問：「為什麼？」

只要用真誠的語氣和對方詢問，甚至可以表示，不論買不買都沒關係，只是想瞭解客戶的看法，並強調因為他的意見對我們來說很重要。

業務員：「可以告訴我，為何你們公司不想要採購這套業務銷售書籍嗎？」

客戶：「老實說，我們業務人員都沒上過你們的課，這樣買書有用嗎？」

業務員：「原來是這個原因啊！其實後續有準備很多免費課程讓你們體驗喔！」

業務員：「我很好奇，到底你為什麼排斥加入我們的直銷團隊？」

客戶一開始說幾個理由，但業務直覺這些都不是真正理由，什麼沒興趣、性質不合，口才不好等等。

最後客戶打開心防，才知道他真正不想加入的原因是他哥哥曾加入過其他直銷，有過負面經驗。

於是業務員就可以從此切入，告訴他兩者的性質不同，我們的直銷不是從前那種老鼠會式拉人頭的直銷。

經過問「為什麼」以及「客戶的回饋」來化解他的內心疑慮，成交就比較容易。

神奇問句法

前面聊過「問句法」，問「為什麼」來找答案。但有時候業務員怎麼問，客戶還是不回應。業務員感到沒轍了，覺得已經無可施，該說的都說了，對方一直不買單。

其實談話就是一種關係的建立，有沒有發現，當雙方交談，後來即便沒成交，也建立了一種熟悉感。

這也是一種「業務紅利」，一個勤勞的業務員，也許一次被拒絕兩次被拒絕，一百次被拒絕，沒有關係，沒有成交，但一定也有紅利。也許某個客戶，看到你就說：「怎麼又是你，你還不放棄啊！」有沒有發現，他講話的語氣很少會是嫌惡的，反而帶點親切，甚至還對你有一點點敬佩。

這就是所謂的「見面三分情」。一個被拒絕一次就躲在家療傷的業務員，是無法體會到這種「業務紅利」的滋味。

當我們和一個客戶銷售，已經盡心盡力，對方仍不買單。

此時因為交談，雙方其實也有一點「交情」了。

反正對方擺明不買就是不買，業務員此時就可以利用這點交情，問道：

「好吧！我不說服你買了，現在純粹是我個人的好奇。你為什麼對我們公司的產品硬是不買呢？」

當碰到這種情況，客戶往往會卸下心防，因為他不用再針對你的業務攻勢採取任何拒買守勢了，此時往往可以說出真正不買的理由。

也許理由只是心情不好，也許牽涉到家族的禁忌，或者有些非產品關係的心裡面因素，如此，業務員知道原因，也比較可以釋懷。

以下這些問句很重要：

第一句：「我知道你今天不會購買，那請問要怎樣你今天才會購買呢？」

第二句：「你要我如何做？你今天才會購買呢？」

第三句最重要，前面也曾提過的，就是：「如果排除掉這些問題，你是不是就願意買呢？」

還有一句問句也很重要：「我要怎樣做才能讓你滿意呢？」

沒人擋得住這句話。

當然，以上問句都是作為殺手級問句，是最後才用的，絕不能一開始就用這招。

業務員還是要做點功課，當面對一個新客戶時，努力的交流，透過前面教過的各種行銷術把產品推薦給客戶。直到一再碰釘子，最後再來用神奇問句。

練功時間

實際展現你的說服術

前面我們分享了三種業務說服的話術。現在讓我們試著練習看看：

Q 先以自己的產業做嘗試，列出你的產業名稱：

……………………………………………………………………

Q 針對你的產業，請用心想想你最常遇到的十個問題：

……………………………………………………………………

……………………………………………………………………

……………………………………………………………………

……………………………………………………………………

……………………………………………………………………

……………………………………………………………………

……………………………………………………………………

……………………………………………………………………

……………………………………………………………………

……………………………………………………………………

Q 在列出問題後，現在試著分別用以下方式來處理這些問題。

a.以彼之矛攻彼之盾法

……………………………………………………………………

……………………………………………………………………

……………………………………………………………………

……………………………………………………………………

……………………………………………………………………

b.預設框框法

c.三F法

（如果任何讀者發現，你遇到的問題若無法用這三種分法來處理，也歡迎來信和我們分享。）

降龍十八掌

展現業務功夫，成交才是王道

談起「降龍十八掌」，可說是婦孺皆知，真正名震天下的頂級功夫啊！連小學生在下課時間玩鬧，都會說：「看我的降龍十八掌」。至於是哪十八掌，恐怕只有小說家本人背得起來，一般人只知道武功名字酷，並沒有真的去瞭解這些精妙招式。

所謂龍也者，世間並不真的存在這種動物，但人人都曉得龍代表神獸。如果連龍都降得了，那就是第一高招了。

在業務戰場上，有人花拳繡腿，有人招式凌厲，有人招式緩中帶勁，各式各樣不一而足。但講到最後，還是要做到一件事：那就是成交，沒有成交，前面使用各種招式都是白搭。

業務員們不管來自各門各派，最後決勝負的王道，就是成交術。

做業務員很辛苦，為什麼辛苦？絕不只是因為過程辛苦，更因為結果不容易。任何事通常有過程就有一定的報酬。例如，在工地挑磚塊，挑一天有一天工錢，挑一小時也有一小時的工資，所謂「做一天和尚，敲一天鐘」，上班族們打卡提供時間，換取老闆依勞資合約發給的薪資，就連小孩打工去撿破銅爛鐵，也是撿多少就可以賣多少錢。

但業務員不是如此。

業務員比較像運動員，努力不代表勝利。有太多的情況，甚至是都已經九局下我隊領先了，最後還是被逆轉勝，不論前面幾局得幾分，結局就只有一個，輸就是輸，結果才是王道，談過程多麼辛苦，都已經沒有意

義。

二〇一五年有一家知名的保險公司，他們的企業形象廣告請了知名的五月天代言，廣告中就有一個場景，業務員女主角問男業務員：「成交的感覺是什麼？」男業務員問女主角：「妳打過棒球嗎？妳瞧瞧我示範，現在一顆球過來，我大力揮棒，球飛得好遠好遠，天啊！是全壘打！」男業務員興奮地在充當虛擬球場的陽台上繞場一圈，大聲歡呼。

跑回本壘得一分了，真爽啊！

這，就是成交的感覺。

你是那8%的菁英嗎？

業務員是一個最高尚的行業，所有願意追求成功的人，或多或少都願意把自己當成是一個業務員。

因為業務員，非常具備挑戰性，挑戰越高，成就感也越高。

而業務員最大的挑戰，就是前面所說的「成交決定一切。」

過程再精彩，結尾卻不完美。那就是不完美。

然而，這也是許多業務員會遇到的問題，或者應該說是每個業務員都會遇到的問題。關鍵只在於誰願意在遇到這問題之後，繼續努力爭取成功。就好比棒球比賽，若一個隊伍輸了一場，就不再玩了，那也許一開始就不該投入這比賽。

業務銷售這比賽，每一個過程都要投入很多心力。

就以棒球來比喻，攻擊做得好，平常勤做練習，看準球，我們擊出安打了，但即便如此，也可能只是上了一壘。經過隊友配合以及平常的練習，我們在關鍵時刻跑上二壘。之後，經過適當的經驗，我們奮勇盜上三壘。以上這些步驟，就等於是我們全書所教授的，如何加強自己的自信，面對不同客戶如何應對等的訓練。

沒有這些基本功是無法完成業務好結果的，就好像棒球沒做好基本功，是不可能得分的。

在業務銷售的過程中也是這樣，就算前面我們解決了需求定義問題，也透過適當的心錨讓客戶感到興趣。但往往最後的一關才是最難的一關。

我有太多的業務學員，就是卡在這一關。

他們甚至一想到要讓客戶開口成交就害怕。他們如此的害怕，乃至於許多業務寧願和客戶東扯西聊，談天說地，就是不敢問最後的問題，要客戶下決定。

難道業務銷售，只是交朋友純聊天嗎？當然不是，業務銷售是要養家活口，讓你和你的家人有生計保障的。

那為何不趕快成交呢？是害怕成交嗎？

當然不是害怕成交，而是害怕被拒絕。

根據專家統計，有63%的交易無法成交，是因為業務沒有投注這方面的努力，也就是說，本來可以成交的案子，但業務眼睜睜讓機會溜走了。他們實在太害怕被拒絕了，以為拒絕就是世界末日。心裡害怕著「前面我都努力那麼久了，如果最後卻功虧一簣，那我會受不了的。」

殊不知，越是害怕，就讓自己離成交越遠。專家實地觀察過許多業務銷售的情境，有些過程荒謬到可笑，有些業務員真的把時間花在聊家人、聊天氣、聊時勢，卻不做最關鍵的最後確認銷售成交動作。

內心裡，他們只和老天祈禱「請老天幫幫忙吧！讓這個客戶『主動』告訴我：『他／她要買這個產品』啊！謝天謝地。」

但真實情況往往是，客戶本來已心動要買了，就在心緒最高昂的時候，卻得聽業務員在那邊天南地北胡聊，聊著聊著，自己那股熱情就淡掉了，變得沒那麼想買了。甚至後遺症變得日後也不想買，而業務員還不知道鈔票已經在五分鐘前飛走了，還在那高談闊論，等待奇蹟。

我想告訴各位準業務員們，銷售也許不那麼容易，成交是難上加難，但至少當客戶想買的時候，你絕不能錯過吧！

趁著客戶熱情未減時，順著客戶的需求推動一下，訂單就到手了。

所有業務專家都告訴我們，客戶準備成交時一定有些成交訊號，這些訊號甚至會出現得很明顯。只是業務員已經緊張到看不見。當然，也不是所有成交訊號都那麼明顯，畢竟，那些都只是「訊號」，但客戶畢竟還是保守的，只會暗示，但不一定直接立刻明講他想買。

業務們經常錯失這些成交訊號，有多頻繁呢？

根據統計，44%的人，在第一次被拒絕後，就放棄。

22%的人，在第二次被拒絕時放棄。

14%的人，在第三次被拒絕時放棄。

12%的人，在第四次被拒絕時放棄。

只有8%的人到了這階段，還敢提出第五次機會。而很湊巧的，也就是這8%的人成為Top Sales，他們不僅是頂尖高手，也絕對是千萬富翁、億萬富翁。

前面那些被拒絕的人，真的可惜了。因為根據成交統計，客戶在正式下訂單前，平均可能搖頭四次，但偏偏只有8%的人可以支撐到第五次，也無怪乎，有超過60%的成交都屬於這少數的8%菁英。

不要再讓自己重回遺憾，現在，每次的銷售都請密切觀察客戶的購買訊號。

善於把握客戶的購買訊號

購買訊號分成兩大類：「非語言性購買訊號」和「語言性購買訊

號」。

一、非語言性購買訊號

就是透過肢體動作、表情、或者眼睛發亮等徵兆，表示出客戶內心的想望。相對地，語言性就是透過客戶的說法，展現出購買的欲望。簡單來說，前者就是看客戶「做什麼」，後者是聽客戶「說什麼」。

非語言性的展現，通常也非常的明顯。

當顧客邊說話，邊向你往前傾，或者靠近你，對你點頭表示同意，又或者將雙手攤開，明顯放鬆起來，表情呈現微笑愉悅。

這些動作都代表客戶對你產生信任，對你的產品感到興趣，對成交有意願，並且整個人因此放輕鬆，因為你們已經站在同一陣線上了。

進一步的動作，客戶可能會把玩商品，可能也會拿起來聞聞、看看，甚至翻閱DM、契約、訂貨單等等。他們會詳細閱讀說明書，或者是逐條審視。

看的過程也許他會眼睛閃閃發亮，表露出高度興趣，也許有的人不會，但至少也會展現出一種對商品的親密感。業務員應該會感覺客戶已經開始把商品當成是自己的在看待。

還有人會拿起皮包，算算包包裡的錢夠不夠。在某些場合，例如，家具賣場，有意願的客戶還會開始想像若是在自己家裡，這沙發要往哪裡擺，舉止動作已經開始在為自己家做規劃。

當心裡已經展露興趣了，購買訊號會頻頻發出。

他們沒有開口，但會點頭讚賞你的論點，稱讚你的產品很棒。

你有追過女孩子嗎？如果一個女孩子都已經對你擺出崇敬的眼神，身體也不自禁的靠向你，此時，男孩卻說：「那下次我們見面再聊。」那不是後面就沒戲唱了。

太多業務員明明接觸到這麼多的購買訊號，可惜卻沒能好好把握。

要知道，購買訊號並不是從一而終的，相反的，熱情很容易澆熄，當最興奮的時間到臨卻沒有得到相應的鼓舞，最終熱情會冷卻，然後腦子會冷靜下來，理性接手。左腦會問「真的有需要買嗎？我們本來沒有這些產品不也是過得很好？下月家中還有其他開銷，這個暫時先不要買吧！」於是越想越冷靜，終於，心中的天平倒向不成交的那邊。

而這些心路歷程，業務員是看不見的。

二、語言性購買訊號

相對於非語言性購買訊號，當客戶展現語言性購買訊號時，成交機率更大。但同樣地，若業務此時沒抓住。那麼，原本的熱情依然會冷卻。

語言性的成交訊號，用以下形式展現：

詢問產品使用意見

也就是說，客戶已經假想自己在使用，所以會問這類問題。

例如，問「你覺得綠色和紅色哪個比較好看？」或者，「依你的專業程度若買三百萬壽險加一百萬意外險，你覺得如何呢？是不是保個防癌險比較全面一點呢？」

或者問有關你的產品操作：「使用這台機器要加多水呢？」

總之，當客戶已經把自己投入擁有這產品的情境，就是一個很明顯的購買訊號。

討論價錢問題

就是因為喜歡才會提出嘗試價格。

例如會問：「有沒有折扣啊？」、「多買幾台有沒有優惠呀？」、「買周邊產品有沒有特殊專案啊？」

或者抱怨一下：「好貴，沒預算那麼多錢。」、「我買這輛車划算嗎？」

這些以價格為焦點的問題，都是代表著「產品本身沒問題了」，但也許客戶還想貪點小便宜，殺價優惠等等，只要業務員適當應對，訂單就簽得成。

詢問付款方式

這是更明顯的購買訊號，簡直離成交只差半步了。

他會問：「付款方式可否刷卡或分期？」、「付款有方式幾種？」、「可以明天再刷卡嗎？」、「要不要手續費？」

已經討論到付款方式，若業務員還反應遲鈍，那就真的別再怪自己為什麼老是業績墊底了。

詢問送貨方式和時間問題

問這種問題也是購買機率很高，表示內心裡他已經想購買。

客戶可能問：「現在有庫存嗎？」、「現在下訂何時可交貨？」

或者有些時候會問：「我想要買的話多久前要先通知？」、「你們什麼時候可以派人送過來？」、「如果今天同意繳清，我保險什麼時候生效？」

或者問：「如果家住得比較遠，可以貨運送達嗎？」

這些都是明顯的購買訊號。

詢問產品使用方法或者細節

例如：

「你可不可以再把使用方式跟我說一次。是餐前還是餐後吃？」

「這機器充電要多久，希望不要超過幾小時以上？」

「這產品我自己看說明書就好了嗎？」

詢問售後服務以及保證期等問題

例如：

「請問保證期多久？」

「故障會維修嗎？」

「保費期滿要再繳費嗎？」

「有問題打電話到公司就好嗎？」

「有哪些部分在保固範圍？保固期多久？兩年內出現問題都可維修嗎？」

這些問題，都只有已經想要買產品的人才會問。

詢問其他人的意見

他們會問：「有那些人買過？」、「有那些團體買過？」

這麼問，就是表示已經想買了，他們這樣問是要強化信心，覺得自己眼光不錯，但還需要更多證明。此時，業務員適當地加強，表示其他企業家也都買這款，就會加強他必買的信心。

客戶會問這機器：「是否熱賣？」、「有很多人買嗎？」、「有那買過的人，他們反應如何？」

這些問題，都是有興趣的人才會問。

要求再示範一次

客戶問你：「可否再解釋一次？」

會關心這些細節，就代表真的很有興趣。

客戶要求再確認、再保證

例如：「真的有哪麼好用嗎？」、「如果我定期吃，真的可以減重嗎？」、「買這個房子晚上真的不會吵嗎？」、「真的我照說明書上寫的做就好了嗎？」做再一次的確認。

成交，就是要成交

「成交」若依難易度來說，可以分成「客戶主動成交」、「客戶發出購買訊號，業務員把務時機順利成交」、以及最難的「強制成交」。

其實所有的業務員工作的最終目的，就是要促進成交。只不過時間的快慢罷了。例如，推銷一個大型的政府公部門採購案，可能要運作個一兩年，作好幾次簡報以及展示；但銷售一杯現榨柳橙汁，只要等在路邊經過的人一手交錢一手交貨。以後者來說，原本也負有業務使命的果汁攤商，大部分時間不用做什麼促銷，在夏天的時候只要站對位置，就有源源不絕的客人主動上門。這種守株待兔式的銷售，卻也不幸成為許多業務想要追求的錯誤目標。最好是每天客人都主動上門來買保險、買百科全書，最好業務代表只要當個收支員就好，客戶交錢，我填單，公司出貨。

實際上業務當然不是這麼回事，前面提到的購買訊息，這也絕對需要業務員經過一番專業的鋪陳，包括正確的產品介紹、誠信的交流態度，以及清楚判斷出客戶的需求以及價值屬性。

然而，如果沒有主動上門的客戶 （請不要再做這方面的白日夢），在和客戶交易時，也一直沒感覺到對方有發出任何的購買訊號。

那要怎麼辦？要一直等嗎？

一個負責任的業務員有責任促進成交，不論有沒有收到購買訊號都一樣。就好像一個棒球選手，有義務要讓自己跑回本壘得分。

嘗試成交，也稱為「強制成交」。就是指不論如何，業務員要做這一個動作，和客戶確認「最後」想不想買？而這過程的主動權絕對操在業務員手中，也許你和他聊得很愉快，也許你認為你已善盡介紹商品的職責，但終究，你還是得問出該問的問題，否則你們就只是純聊天，而公司不是聘請業務員來做社交的。

於是，你不免要開始提出成交的請求了，但請千萬、千萬不要問以下的必死問句：

「你能不能買？」、「要不要買？」、「你的答案到底是或不是？」、「到底好不好呢？」、「我們要不要合作啊？」

這些問題一旦問出，接著對方回答：

「我決定不買」、「答案是否定的」、「我覺得不好」、「那暫時不要合作」。

好了，雙方掰掰再聯絡，這是你辛苦介紹兩小時產品後要得到的結局嗎？所以我們一定要改變問句的方法，不要用這種是或否的是非必死問法，而要改用二擇一的成交必選法。

二擇一法，只要對方不是很反對這產品，只要對方至少有一半的興趣，那二擇一法絕對可以為成交推上最後一把助力。

「你希望刷卡還是付現？」

「產品是要送到你家，還是公司？」

「你要選擇綠色的還是紅色的？」

這些問法都是可以讓原本還猶豫不決的客戶，導入你設定的情境，也就是假設這案子已經成交了，現在，只是在處理成交後的細節。

這種二擇一法，也可以搭配客戶本身的問題。

當客戶問你這款式有綠色嗎？

若你直接回答「有」，這樣只是單向的交流死胡同，他問你答，然後就沒了。除非他繼續再問，否則就只是單純的一問一答。

你應該這樣回答：

「如果我們有綠色的款式，那請問你要刷卡還是付現？」

這種問答方式，也稱為「銳角成交法」。將客戶的問句以另一個角度切回去，促進成交。另外，也稱為「順水推舟法」，因為你是順著客戶的問題，自然而然回答他的，一點都沒有強迫推銷的意味。

客戶問：「請問這商品有現貨嗎？」

業務員答：「目前沒現貨，但我們能很快幫你調貨。你是希望星期三前我們送一台到府上嗎？還是準備好請你過來取貨？」

客戶問：「這個保單可以用月繳嗎？」

業務員答：「你比較喜歡用月繳方式嗎？那你每個月只要付一千一百元就好。請問你的收益人要寫誰？」

客戶問：「這兩年內若出問題，你們都會維修嗎？」

業務員答：「當然，你有我的名片，若有問題我會負責。這產品有說明書，請問你要我現在陪你一起看，還是你帶回家慢慢研究？」

基本上，大部分的銷售在適當的時候附上一句「現金還是刷卡？」絕對有很大的促銷影響力。

當然，這裡指的是「適當」的時候，包括客戶已發出購買訊號，或者你已經和客戶介紹一段時間，對方大致上也瞭解產品時。若才剛遇見客戶，就來一句「要刷卡還付現？」，保證客戶都被你嚇跑了。

給對方一個購買的理由

在本章的最後要分享一個成交的心理戰術。

那就是「理由成交法」。

成交可以是一件簡單也可以是一件很複雜的事。口渴了，買一杯泡沫紅茶來喝，這樣成交很簡單。但當逛百貨公司後，化妝品專櫃和你推銷一個很棒的保養組，客戶怦然心動，卻又有點不敢買，這就比較複雜了。

經常，客戶決定購買，不完全出於需求因素。很多時候，客戶喜歡一個東西，但又覺得沒那麼需要這個東西，那心裡就會有罪惡感。

「我買這個產品對嗎？」

「我是不是很敗金啊？」

這時候業務員絕對不要只當個門神，呆站那邊等客戶自己掏出信用卡。你越是這樣等，客戶越是覺得不對勁，最後你只會眼睜睜的看著客戶，明明信用卡已經掏到一半了，又硬生生塞回包包，然後說聲「下次吧！」從此你們老死不相往來。

業務員此時，要成功地扮演一個顧問的角色。

請注意，不只是產品顧問，並且還是心理顧問。

當碰到客戶有點猶疑不決時，業務員要趕快過去補幾句話：

「小姐，婦女節快到了，妳辛苦工作一整年，在這春暖花開的日子，好好犒賞一下自己並不為過。」

「先生，我看你就是個孝順的人，懂得買這樣好的健康保養品組，既可以照顧自己身體讓父母放心，更可以直接孝養父母。」

「這位年輕人，你投資自己是對的，馬雲也曾說過『人生最重要的投資就是投資自己』你今天買下這套課程，正是對自己負責的最佳表現。」

當一個客戶處在焦慮的狀態，內心兩個聲音在掙扎時。

最需要有一個人給他一個理由，讓他確認自己的錢是花在刀口上。

另一種情況，對方也是處在猶疑狀態，但是偏向不想買。

這種客戶最後通常會說一句話：「下次吧！」、「我考慮看看」。但你我都知道，大部分這樣的情況，就是客戶走出店門，不再回頭。

在這種情況下，可以試試魔法問句：

「請問先生，你覺得若沒購買我們的保險商品，會有什麼損失？」

「請問小姐，你覺得沒有採購這組保養品，會有什麼困擾嗎？」

客戶可能會自己說：

「可能缺乏保障，會增加風險。」

業務再問：「還有嗎？」

客戶會再邊想，邊回答：「不出狀況則已，一出狀況就會有很大損失。」

試著讓客戶，自己說服自己。

反過來，再問：

「真心想想，這產品可以帶給你多大的好處？」

如果原本就處在猶疑的狀態，那客戶終究會自己想清楚，然後做決定。

業務員必須要善於說話，但更多時候，要懂得閉嘴。

例如，這個時候就要停留三十秒，讓客戶自己說話。

這時你的無聲勝有聲，成交關鍵就在這裡。

本章講述較多，因為我要再次強調，對業務員來說，「成交才是王道」。

祝福各位讀者練成業務成交降龍十八掌，天天都有訂單成交。

練功時間

檢視你的成交率

看完本篇之後，

Q 你覺得你是不是屬於那8%的成功者呢？

Q 如果不是，為什麼？

Q 請回憶最近一周你的成交率。並檢討你是否太早放棄了？

Q 學了本篇的觀念後，你是否願意多一點堅持？

Q 請給自己一個月的時間，再來看成交率是否提高了，如果提高，恭喜你學會成交，如果效果不佳，請透過紀錄分析原因，並寫下來你的改進想法，再具體落實。

葵花寶典

神功大成，你就是東方不敗

在武癡級的武俠迷眼中，哪一個武功最高呢？不是「降龍十八掌」，不是《九陽真經》，也不是「獨孤九劍」。而是那帥氣（或者說邪氣）到邊繡花、邊可禦敵的葵花寶典。透過電影的形象，東方不敗那似男似女的造型，氣定神閒的應敵。《笑傲江湖》裡，在黑木崖上，令狐沖、任我行以及向問天等三大當世頂尖高手聯手圍攻，卻仍然不敵東方不敗。「葵花寶典」真是頂尖中的頂尖啊！

提起「葵花寶典」，有句話武俠迷人人耳熟能詳：「欲練神功，引刀自宮」。其意思是若不斷絕欲望，練此功會令人走火入魔，這也隱喻為要求得高深的技能，必須要有所犧牲。

現代業務大俠們要成就最高級數的業務功夫，當然不必自宮。但肯定必須切割過往錯誤的思維。當你能跳出舒適圈，才能領悟業務武俠的最高境界。

全書來到最後。

我要問讀者，你真的想要成為一個頂尖的業務員嗎？還是你只是把書翻翻，明天起床，還是過原來的日子？你甘心每月只靠有限的只能勉強維持生計的薪資過活，所有你夢想的東西：別墅洋樓、高級房車、環遊世界、體驗人生……都只能留待下輩子，如果到時候出生含著金湯匙再說，你甘心這一生這樣嗎？

如果現在眼前有一本業務葵花寶典，翻開來第一頁就是：「欲練神功，必先斷絕過往惡習」，那麼你還願意嘗試嗎？

請注意，這不是賭博。也就是說只要你肯做，「保證」可以成功。

不僅僅是做了「有機會」，也不僅僅是，你做了「有很高的可能」可以成功。

只要真正落實，願意照這樣實行，你「百分百一定」可以提高業績，改變你的生活。

不必引刀自宮，但要真正洗心革面

在結束本書之前，我要和讀者分享四個字：

不忘初心。

每個人不是出生下來，就等著哪一天進棺材，然後在過程任人宰割。

人生不是這樣的。

每個人一定曾有夢想，有的想當總統、有的想當飛行員、有的想當大將軍。無論如何，多數人都想要自己是個大富翁，沒有人的願望是自己要當窮人。

這些夢想沒有對錯，人生有夢最美。

問題是，你的這些夢還在嗎？

後來夢不見了，變質了。你變成一個欲求不滿的「上班不足」，你變成一個高不成低不就的職涯人。

有人奪走你的夢了嗎？有人下命令要你不准再有夢想嗎？

其實並沒有。我去問每個人，他們喜歡現在的生活嗎？如果不喜歡，那為何不試著改變呢？

所幸，夢想還是可以回來的，而且方法出乎意料的簡單。

不用經歷苦刑，不用到深山冥想，也不必一定要花大錢拜師。

只要「自己」肯覺悟，一個人就會再次回到往成功的路上。

所以，在本書最後，如果你希望追求成功，當一個頂尖業務員。請先反省以下事項，你是否一個個照做：

是否不忘初心？

你是否還記得你心中那個曾經熾熱的夢想？

是否能夠列出你的目標？

還記得嗎？目標要清楚明確，要可以量化。

是否可以確定自己的價值觀？

你的價值觀與你的目標一致嗎？

如果不是，你願不願意調整？

你是否建立你的信念？

你要做個成功的業務員，你的信念是什麼？

這信念是否值得你一生投入？

你願意改變你的就習慣嗎？

你可以列一個表，呈現你為何不能成功的原因嗎？

諸如：不敢打電話、不願意早起、不夠熟悉你的產品、不願意放棄安逸偷懶的壞習慣……

在列出來之後，你願意調整自己嗎？

你願意擇善固執，找出對的習慣，堅持下去嗎？
你願意從今天起，每天打一百通陌生電話嗎？
你願意設定每日業績目標，不達到當天就不回家嗎？

或者，你還在學習，還無法立刻那麼投入，那也行。那麼請問：
你願意讓自己學習成長嗎？
你有開始為自己設立偶像，當作學習的標竿嗎？
你有建立你的正面心錨，時時砥礪自己嗎？
你有依照本書分享的知識，開始改變自己形象，學習正確的肢體語言嗎？
你願意以本書為檢核標準，設定自己改善的目標，然後時時檢核自己是否達到嗎？

最後，
請你設定一個期限，好比如說，三個月後，
你希望自己變成什麼樣的人？
請寫下來，貼在牆上。
對照時間，從現在起，三個月後，你要達成目標。

請拿起筆，開始做。

不只成交，並且要持續成交

套句二〇一五年臺灣爆紅人物泛舟哥的流行語：

「做業務銷售就是要成交啊！不然要幹嘛？」

其實泛舟哥自己也是一位業務人員，他的新聞影片紅了，這也是個人品牌宣傳的一種。

業務員要成交，基本功必要先做好。

如果讀者們已經把本書業務外功篇的所有招式都記憶在心，並且願意實際應用在日常生活的銷售行動裡，那麼恭喜你，這月貴公司的業績王可能就是你！

但業績不只要好，並且要追求Number 1！

一個頂尖的業務高手，他們的平均業績一般來說都比普通的業務員要高個兩倍到三倍，這是怎麼做到的呢？

這裡就分享讓你業務成交倍增的業務葵花寶典：

業務葵花寶典第一重點：塑造價值而非價格

所有頂尖的業務員，一定都很確定一件事：

他賣的不只是一個產品，一是一個為顧客打造的服務。

客戶買的不是產品價格，而是買到一個整體的價值。

價值，是本來就存在的，可惜大部分的業務員沒有好好傳達。如果我們只一味地表達我們的誠意、我們的專業、介紹我們產品的優點，這是不夠的。

好的業務員，應該要能隨時站在客戶的角度來問自己：

如果我是客戶，我為什麼要買你的產品？

我知道，許多業務員明明工作很努力，對產品也很專業，但業績就是無法更上層樓，就是卡在這個環節。他們沒有在銷售的時候問自己這個問題，也因此在服務客戶時，少了那種「將心比心」。

舉個簡單的例子，我是一個父親，我想為我的孩子買一隻小狗狗作為他的生日禮物。現在，鎮上有三個店家可以賣狗給我。

甲商人說：一隻狗一千元，一手交錢一手交貨，貨物收訖概不相欠，日後有問題也不用再找他。

乙商人說：一隻狗一千元，我們的狗品管好，保證無衛生問題，客戶可一周內付款，一周內不滿意還可以無條件退貨。

丙商人說：一隻狗一千元，並且我們負責幫你將狗送上門，不僅服務到家，還幫你搭狗屋，並且教導養狗知識，還提供一周狗糧。如果飼養一周內不滿意，一樣可退貨。

一樣的價格，我們當然會選擇和丙商人購買。

所以我們此時選的不是價格，而是價值。

現在，

若甲商人一隻狗賣五百元，只銷售但不管售後服務。

乙商人一隻狗賣八百元，可一周內退貨。

丙商人一隻狗賣一千百元，如同以上所列有送貨到府及附加服務。

如此，價格不同時，不同的客戶可能就有不同的選擇。有的人願意重視低價格，選擇甲；有的人願意多花點錢擁有更多保障，但覺得沒必要到家裝狗屋，選擇乙；有的人認為要最好的服務，選擇丙。

這時你可能會問，那需求不同，價格也不同，所以客戶是看價格還是看價值？同樣地，我要說，客戶是看價值。

對於甲商人的客戶來說，他對買狗認定的價值是價格取向，對乙商人的客戶來說，他對買狗認定的的價值重視售後服務，對丙商人的客戶來說，他重視的是價值是更專業的服務。

價格如同品質、服務以及其他附加價值般，對客戶來說，是整體價值的一部分。既然價值才是重點，一般的業務員如果一味地以價格導向來銷售，那當然銷售成績會不理想了。

一個頂尖業務員和客戶做業務銷售時，心中時時想的是如何創造銷售價值。

永遠沒有產品貴不貴的問題，只有價值高不高的問題。

一輛高級房車，售價一百五十萬元，有的客戶覺得貴得太誇張了，有的客戶卻覺得物超所值。因此，價格是相對的，當一個客戶覺得一個產品重要，就算價格高一點他也會買單。重點在於業務員有沒有正確傳達資訊，讓客戶真正認知到這個價格。

我常跟我的學員說：

在客戶尚未充分認識產品價值前，千萬不要談價格。

也請記住，對業務員來說重點不是賣出產品，重點是在帶來什麼結果。

好比如說，我們賣車子，重點不是銷售出一輛車子，而是提供給客戶一個滿意的交通工具。

站在客戶的角度來思維，客戶想要的是結果，而非產品特色。

業務員大談特談產品的特色，客戶心想「這關我什麼事？」

但如果你和客戶報告，這產品可以帶給「你」什麼好處？那客戶就有興趣了。

舉個例子，我們有一款新開發的原子筆，其特色是新型專利的浮動鋼珠，使用的好處則是書寫時更流利、更方便。

或者這一款遙控器特色是可以同時遙控舞台上不同的電器，使用上的最大好處就是省去了同時操控不同電器的時間與麻煩。

要記住：

好處永遠與客戶有關、特色要與產品有關。

因此，這裡有個公式六字訣：

「也就是說對你……」

舉例來說，這款新車非常的受歡迎，其最大的特色是內建全球衛星系統，「也就是說對你」的狀況，是你「再也不會迷路」，透過本系統，你可以更快速地到達你要去的地方。

這台IPAD，最明顯的特色是輕便易攜帶，「也就是說對你」來說非常方便，「可以把一千首喜歡的歌曲放在口袋裡，隨時隨地都能聽」。

只要適當的使用這個公式，就可以讓客戶將原本事不關己的產品介紹，一瞬間變成和他息息相關。

當一個產品，客戶以第三者角度來看時，並不覺得有什麼價值，一旦連結到自己的利益，頓時就會產生價值。

從古至今，不論是頂尖業務員或者各領域的專業人士，好比如說律師、外交官，那些能在談判桌上為國家爭取到重大利益的人，其實某種角度來說，也是另一種業務員，只是他們銷售的是一個好的條件，交換對國家有利的新合約。其如何做到說服，關鍵也一定是要讓對方感受到「價值」。

兩國交戰，戰勝國和戰敗國談判，原本戰勝國擺出強力姿態要求戰敗國巨額賠款。但戰敗國的代表說：「如果能夠降低賠償金額，讓他們的工廠可以運作，那其創造的經濟價值，帶給戰勝國的『好處』其實是更大的。」當戰勝國思考戰敗國提出的好處後，終於讓步，願意以較少的賠償金額簽約，換取長期的互惠利益。

一個成功的業務員可以為客戶創造價值，既帶給自己公司更多的收益，也讓客戶滿意。

相反的，一個一心只將焦點放在價格上，深怕被客戶拒絕，每次客戶出現猶疑，就使出降價這一招，那是對自己非常沒信心的業務員。就算最後可以成交，也讓公司的利潤大減，並且在此同時，客戶還以為貴公司可以予取予求，對企業產生不好的印象。

好的業務員和不適任的業務員，高下立判。

業務葵花寶典第二重點：價值不是定數，而是可以增值

這世界上有些東西是不變的，例如物理化學屬性。一杯水，其化學式就是H_2O，不論是在亞洲、歐洲或非洲，都不會改變這個事實。

但一杯水的價值卻可以被提升，這也是一個頂尖業務員和一個普通業

務員的重要差別。頂尖業務員讓客戶對產品或服務感到的價值提升，不但願意成交，並且願意用高一點的價錢成交。普通業務員卻眼睜睜的讓原本一個好商品，在客戶眼中不屑一顧。

以下分享，業務高手提升價值四大方法：

第一法：環境加值法

同樣是一杯咖啡，為什麼當你去星巴克喝的時候，一杯要一、兩百元。而你在便利商店買，只有幾十元？這就是環境帶給咖啡的附加價值。

想想看，你所銷售的產品能否結合情境，帶給客戶更高的價值？

好比如說，銷售成功學的課程，就要在一個激昂、充滿鬥志的場合；要銷售紓壓精油，就要搭配唯美、讓心靈昇華的環境氣氛。

氣氛對了，不只有助於銷售，也讓客戶願意付高價買單。

第二法：量化你的價值

價值很重要，但有時候客戶無法感覺到這價值對他的影響。

這時候就要用數字表示。

請注意，這時候表示的數字不是指這產品賣多少錢，而是指這產品可以帶給客戶那些好處，這些好處若用數字表現是如何？

舉例：

「加入這個理財方案，可以讓你未來三年內，每月增加多少利潤。」

「使用這款冷氣機，每個月為你節省五百元電費，一年幫你省六千元。」

有了數字，就能在客戶心中形成一個可量化的思維，他計算過後，知道自己可以獲得多少好處，然後怦然心動。

第三法：創造產品稀有性

產品為什麼稀有？

有一個呈現方法，就是將製程解釋給客戶聽。

好比如說：「這款玫瑰精油，每一千朵玫瑰，才能釀出1mℓ的精華，非常的珍貴。」

當產品的誕生是如此難能可貴，價值自然就高了。

業務葵花寶典第三重點：幫客戶轉移風險

業務員想要成交，經常到最後關頭會出現障礙。可能客戶很喜歡這個產品，但是……，這個「但是」後面可以接很多句子。

最常見的情況是：

「但是，我覺得還是超過我的預算。」

「但是，我還是怕使用後會有問題。」

「但是，我覺得我還不信任這產品，下次再說吧！」

一個頂尖業務員，懂得在這關鍵時刻，幫客戶轉移風險。

好比如說，達美樂的廣告說三十分鐘外送到家，超過免費。

原本客戶擔心會有太久送到、冷掉不好吃的風險，廣告就是告訴客戶「不要擔心，我擔保你沒這個風險」。

如何讓客戶覺得沒風險呢？有以下方式：

1. 退貨保證，或退費保證

「如果不是百分百滿意，我們就退費。」安麗就是採取這樣的作法。

另外有很多產品會打出使用者七天試用，七天內不喜歡，退還免手續費。

2. 分期付款計畫

「只需付一小部分訂金，這麼好的產品就立刻可帶回家。」聽到這句話，許多的客戶會立刻卸下心防，覺得不用擔心金錢風險了。

好比如說，這台電腦要三萬元，現在只要刷卡，立刻幫你到府安裝。信用卡分期，每月只要八百元，輕鬆享有新電腦，人們多半會心動。

3. 售後服務保證

「如果買我們產品，未來一年免費服務，並且我們的客服中心二十四小時在線，全年無休。」

客戶本來會擔心購物的風險，這些售後服務就可以讓他安心地下訂單。

4. 先使用後付費

這招有很多廠商也很愛用，乍看像是廠商吃虧了，但實際上廠商只是要取得卡位權，特別是當有數家品牌競爭，採取免費的那家先卡位進駐客廳。之後雖然可以退貨，但大部分客戶的習慣是東西放進家裡，就不好意思退貨，或者嫌麻煩，就保持現狀。

許多的平台業主打出免費或者以超低的價格供應平台。例如MOD，一旦到府安裝後，他們賺的不是平台的錢，而是客戶長期使用內容的收益。好比說我裝了免費的MOD，但我卻購買許多的節目套餐。

麥當勞也經常採用這一招，他們常打出特惠價，只要39元，但實際上客人進店後，很少人只點39元餐，一定會加購其他商品。

這種先用免費或低價轉移客戶的風險，是以現在的優惠換取未來的收益。

5. 有獲利，再付款

這也是許多產業喜歡運用的方式，主要用在非消費品上。

例如，企管顧問公司表示「我幫貴公司做輔導，貴公司可以先不用付款。只有當我們輔導完後，未來公司營運一旦成長，我們再做抽成。」

對客戶來說，第一個想法是「免費就能得到服務」，第二個想法，未來要付錢的前提是我先賺到錢，我如果沒賺錢，他也拿不到錢，怎麼想都划算。

在出版業也常有這樣的合作方式，出版一本書不用錢，但未來賣書的錢可以抽成多少等等，都是這樣的概念。

其他，例如，試用三十天再付款、買貴退還三倍以上差價等等，都是利用風險轉移的方式讓客戶卸下心防，最終結果都是促進成交。

業務葵花寶典第四重點：用小利換大利

每個人或多或少都有貪小便宜的心理，這是一種人性。

頂尖的業務員擅長用這樣的人性，藉小利套大利。方式有很多，最常用的方式是送贈品，然而送贈品也有幾個該注意的原則：

1. 不要送你賣不出去的東西

把自己的庫存品包裝成贈品送出，自以為一舉兩得又清理倉庫，又讓客戶覺得賺到。殊不知，送這一類原本賣不出去的產品，並無法加強原本產品的價值，有時候還會讓客戶反感。

2. 贈品和主商品有關連性

例如，買一罐咖啡，送咖啡隨身包。或者買西裝，送領帶，這會比較相關。

3. 贈品一定要低成本高價值，才不會虧本

重點要有高價值。

舉個例子：像我有個女兒，我就經常會去嬰幼兒用品店買東西，如奶粉或玩具。如果這家店可以提供買嬰兒用品時，附送兩小時專家分享如何泡牛奶比較健康的影片，我就覺得這贈品實用有價值。

4. 贈品不要太多，兩到三個就好

由於有些贈品不是人人都喜愛，如果提供兩到三種，那麼不同類型的人可能會喜歡不同的贈品，各取所需，但不用太多。

5. 贈品也要塑造價值

雖然贈品是免費的，但在包裝上，要讓客戶覺得他賺到了。

舉例，當我買一套高檔西裝，客戶送我一條牛皮腰帶。這腰帶裝在一個包裝盒裡，盒子上註明有標籤原價四千八百元，特惠價兩千八百元，我就會心想「真的賺到了。竟然送我價值數千元的贈品。」

業務葵花寶典第五重點：強化稀少性

在前面的業務心理戰術章節中，我們也曾介紹過稀少性。這裡再以成交的角度來介紹。

強化稀少性和急迫感對成交很重要，這也是另外一種塑造價值的方法。因為稀少，所以更有價值，「因為快缺貨了，所以我能買到真的難得。」

而稀少性的包裝方式，包括限時、限量、限價、以及搭配稀有的贈品。

例如，某個汽車品牌全球只有五千輛，現在台灣只限五輛。往往這五輛車，沒幾天就被台灣的頂級客戶訂走。

其他方式，例如：「我們只限每天下午兩點到五點會有優惠，那麼這段時間就真的交易量會提升，許多本來沒那麼需要此產品的客戶，也會因為限時特賣而來採購商品。」

還有「限客戶」一招：「本商品只賣給願意讓人生過更好、有企圖的心的人，不賣給一般人」。於是很多人會來買單，因為他們自認不是一般人。

「本贈品只限前五十名購買者才能擁有，只送不賣。」這招也是常用的招式。或者，「現在買價格很實惠，到了下個月，公司就要調漲產品售價了，那時就比較貴了喔！」這樣的說詞，也能刺激很多人當下購買的欲望。

業務葵花寶典第六重點：找到見證，客戶更願意買單

客戶若有心想購買，但內心還是有點猶疑，此時用這招非常有效。

所謂見證有分幾個種類，我們可以視產業類別不同來做調整：

1. 名人見證類

也許業務員說了，客戶仍半信半疑，但連名人都推薦了，那就保證沒問題。

2. 數字見證

有些產品不是誰說了算，而是需要數字為證。

某某客戶因為買了本冷氣機，每月省五百元電費。還秀出帳單，這樣客戶就信服了。

3. 海量見證

我們不一定每個商品都得找到名人見證，如果能有很多人見證，效果也是一樣的。例如，有超過一百個人使用，都說這產品超讚。

當然，要使用此方法，在事前要先做好紀錄整理，取得當事人同意，願意留下聯絡姓名、電話，最好還能提供照片。這樣統計下來，就可作為說服下一個客戶的證據。

4. 同行見證

例如，我們推銷一款油漆，連裝潢設計師，餐廳規劃師，都來稱讚這油漆好，那就是最好的見證。

善用各招業務葵花寶典，讓你成為業務東方不敗，無往不利。

檢視你的成交率

Q 請針對你所屬的產業，以及你的產品，列出這些商品的特色：

....

Q 設法將之轉變為客戶愛聽的語言，以「可以為客戶帶來什麼好處」來做切入：（重新思考你的銷售語言。）

華山論劍：歡迎各路大俠登場

各位親愛的讀者，讀完本書後，您是否有一點點的收穫呢？是否對您的業績提升有所幫助呢？

相信本書很多的觀念，您在不同的場合以及不同的閱讀經驗中，可能或多或少都有學習過，包含建立自信心、正面價值觀，以及各種業務話術應用等，過往以來許多的老師也都曾在不同專書分享類似的觀念，重點還是在於您是否有具體落實。

然而，若仍覺得業務拓展有所困難，也不要煩惱。畢竟，銷售是一門深厚的學問，需要實務經驗累積。只不過若透過專家的分享，也許他們的經驗可以幫您省掉許多冤枉路。

裕峯的業務培訓團隊們也經常性地舉辦華山論劍活動，歡迎讀者一起來參予切磋「武技」，讓我們共同成為頂尖業務高手。

這裡也介紹我們裕峯團隊的華山論劍群俠傳，讀者將來也都有機會和他們見面。

金毛獅王：蔡政璋

超越巔峯商學院財商講師

金光閃閃的業務成功典範

家住中壢，排行老么的政璋，高中時因父親賭博，家道中落，負債二千多萬，此時哥哥姐姐都是老師，又各自有家庭負擔，收入都很穩定，因此政璋大學畢業就決定挑戰高挫折、有機會高收入的保險業務工作，以改善家裡經濟狀況。

業務工作中政璋非常努力，半年就晉升業務主管，並且獲獎無數，更讓公司多次招待出國旅遊。但他並沒有因此自滿，發現業務工作都要不斷地開發才有機會高收入。身為現金流講師的他，知道要創造像收房租一樣的被動收入才能縮短完成財富自由的時間，所以政璋邊做業務、邊創業當老闆，創業四年也開了四家分店，並創造單店營業額破千萬。

雖然業務與創業中政璋已經有很好的成績，但時時準備好下一步找尋更多機會，透過不斷地投資自己學習，就在一次「企業家內訓」的課程中認識裕峯老師，加入超越巔峯團隊，更因超越巔峯與數十個平台及團隊合作，在去年政璋與團隊舉辦500人的公益演講，更被得金鐘獎的廣播主持人專訪，政璋相信：「過著超越巔峰的人生，就邁向不可思議的夢想！」

夢想	經歷
1 和家人一起環遊世界	知名保險公司 業務襄理七年
2 三年內買三千萬的房產	連鎖蛋糕店 負責人五年
3 協助朋友實現夢想	

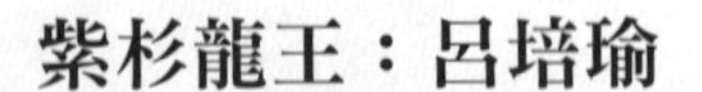

超越巔峯商學院形象顧問

遊歷過歐洲的業務歸國學人

基隆長大的培瑜，從小就是品學皆優的好學生，大學畢業後也符合家中長輩的期待，進入台灣知名百大企業工作，但是這個人人稱羨的職位，對熱愛自由和旅行的培瑜是非常乏味的，每天辛勤工作，只為了每年三至四次的出國，藉由旅行來暫時逃避工作壓力和找回做自己的快樂。培瑜不甘心過著「食之無味，棄之可惜」的人生，決定到英國進修碩士學位，重新整理自己的想法和人生，找回對生命的熱情。

在英國留學一年半的時間，利用繁忙課業之餘，當了背包客走遍歐洲大大小小的城市，這些旅行經驗讓培瑜受到歐洲的藝術及美感的薰陶，也深深受其影響，也開始思考轉變跑道，做自己真正喜歡的事。回國後認識了老公政璋，除了一起經營蛋糕事業，也因而認識裕峯老師和超越巔峯團隊，與各專業人才合作，發展自己熱愛的形象美學與設計，成為兼顧事業及家庭的現代新女性，也樂於分享自身經驗來幫助更多女性快樂活出自己！

夢想	經歷
① 和家人一起環遊世界	✓ 全球前五大運輸公司經歷十年
② 自創服裝設計品牌	✓ 英國行銷及國際管理碩士

青翼蝠王：蔡文傑

超越巔峯商學院儲備講師

展開業務的翅膀

「穩定」這兩個字是我爸媽從小灌輸我的觀念，也因為出生在這傳統又不是那麼富裕的家庭，我也順其自然在國中畢業之後，選擇了再「穩定」不過的軍校，從此我的軍旅生涯就這樣的開始了！懵懵懂懂地過了七年，就在大家正準備面對這殘酷的社會時，我卻已經是一位薪水即將五萬的軍官，這對很多來說都是一個很不錯的人生開端，但就在這時候我卻選擇退出！

家人正期待我展翅高飛的時候，我的這個決定彷彿把我家人全都打入了深淵，每個人都覺得我很笨，我很衝動。一個大好的人生就為什麼這樣直接無條件放棄！因為我看到一個不一樣的道路，不一樣的挑戰，不一樣的人生。它就是「超越巔峯」。

放棄軍旅生涯，很多人說我是因為遇到人生的瓶頸，但我自己知道殘酷的社會絕對比穩定的軍中還艱辛，放棄遠比我在堅持在裡面還需要萬分的勇氣。所以出來的第一個念頭當然就是成功！很多人說吸引力法則不是沒有原因，無意間在一個網路影片演講中看見了林裕峯老師，老師的舞台魅力，講話技巧，豐富內涵馬上深深吸引我，我當下就決定我以後一定要跟他一樣！

透過老師我認識了超越巔峯團隊，加入之後真的讓人大開眼界，各式各樣的人才都有，在老師的運籌帷幄之下讓整個團隊發揮了百分之百的戰力，這般的領導魅力和整個團隊上上下下都是我學習的事物！我也朝講師的目標大步前進。

很多人說放棄軍人是我自己折斷自己的翅膀，但我必須用行動跟他們證明什麼叫做飛翔。成功對我來說就是給家人和自己一個更好的生活！我在超越巔峯看到了這樣的機會，我一定會好好把握這樣的契機，努力衝刺！這是我人生重大的轉折點，林裕峯老師也是我重要的貴人！因為我知道只有超越巔峯，才能再超越巔峯。

白眉鷹王：黃其偉

超越巔峯商學院市場開發顧問

展現王者氣度

其偉家是個大男人主義的家庭，加上媽媽傳統倍受大男人主義壓抑，讓其偉跟哥哥覺得她很辛苦，使我們想賺很多錢幫她，可是其偉又對讀書不在行，只有高職學歷，為了多賺錢，去報名社區大學想拿多點學歷，在班上認識了同學，而接觸了知名的組織行銷，當時覺得是個機會所以便投入了，為了做好，其偉兼了好幾份工作，白天做五金批發，晚上兼職達美樂送披薩，半夜跑卡拉OK賣檳榔，也做過保險，但做業務員，其偉不會說，也說不出口，待不到兩個月便離開，就這樣拼命了五年時間，卻沒好成績，發現個人能力很重要，其偉的上線很強卻幫不了他，其偉很想成功，但能力不夠好，因此四處聽演講學習改變。

某天，朋友帶其偉去聽一個講座，因為想成功、想提升自己，去聽了林偉賢老師的講座，在那天碰到生命中的貴人林裕峯老師，其偉聽完課後竟然有人找他換名片，就是裕峯老師，因為其偉過去是個自卑的人，自然不敢跟穿著西裝的人打交道，而眼前這位穿西裝這麼體面的人要跟他認識，才知道裕峯老師是個知名的講師，開始對老師的課程產生興趣，對於當時重度憂鬱症又在找機會的其偉，跟裕峯老師見面聊天時，老師說到他自己以前也有同樣的狀況，他自己是透過教育訓練改變自己的人生，這時其偉覺得這個老師有一樣的共同點，就覺得跟著裕峯老師會成功，便加入超越巔峯。

其偉發現透過學習變化很大，因為以前在組織行銷時，其偉的口語表達不好，很害怕，沒目標，以至於做不好業務工作，像蒼蠅一樣撞個頭破血流，找不到方向，但加入超越巔峯後，其偉除了表達能力有提升，萬萬沒想到會有機會跟團隊一同協辦力克胡哲萬人舞台及八大名師大會，還有夢想起飛500人公益講座，也與數十個平台及團隊合作，也不再自卑，能在媽媽面前穿著西裝，也努力完成夢想，讓媽媽過她想過的生活，也不必擔心其偉的生活，婚姻，收入。

夢想	經歷
① 要在一年內達到年入百萬目標 ② 激勵更多像其偉同樣平凡的人，找到夢想及自身價值	現任HeLLo kitty禮盒代理商生意 聯絡方式：0913-587-237 line：a680323

神鵰俠侶：鏡元&彩梅

超越巔峯商學院

雲端行銷及策略總監

大家好，我們是鏡元和彩梅，來自台灣桃園，現在工作是上班族以及網路行銷工作者。

我們是一對恩愛的情侶，從二〇〇八年開始交往至今已有七年了，從正式開始走向創業這條路時，彼此互相扶持，一起學習，一起成長，兩人擁有共同的目標和夢想，是一件很開心的事。

過去的我們也是個平凡的上班族，但是不滿足目前生活現況，決定學習財商，大量看書，就是為了脫離上班族生活，渴望擁有自由的人生。

所以為了自己的理想和信念，我們便決定脫離舒適圈，不斷地在尋找新的人生方向，從此以後就開始展開我們創業之旅。

我們很清楚的知道未來要過什麼樣的生活，要成為什麼樣的人……！

後來因緣際會下有接觸過一家直銷公司，有上過一些課，也打開直銷業的眼界，讓我們了解成功的路不好走，但值得走下去，也更清楚我們的目標，在這過程中不斷的鍛鍊成功者的觀念和心態，雖然努力了三年，結果沒有得到我們要的期望，但還好這三年的經驗，讓彼此更成長。

後來接觸了教育訓練以及網路行銷創業，讓我們的格局和視野更擴大了。當然中間過程是很辛苦的，但為了更高的夢想和未來，我們很開心能跳脫組織行銷的觀念，用新的思維再去學習，現在漸漸擁有自己的網路行銷技術和策略，能力和層次不斷地再提升，慢慢開始建立我們的財富。

這段過程中的改變，主要是一些祕訣加上信念，不斷地支持著我們：

第一、突破自己，心態歸零：

創業， 和上班族的想法跟觀念有很大的不同，如果是用上班族的想法來創業，百分之百一定做不起來！

如果經營過程有什麼問題，討論過程中發現需要改進觀念和做法，我們會馬上拋棄舊有觀念，重新學習！我們常常犯了很多的錯誤，但是我們願意一直修正，直到導向正確的觀念！

觀念想法會影響行動，而行動會影響結果！

第二、絕對相信，絕對堅持：

我們非常清楚自己未來藍圖在哪裡，我們要過什麼樣的生活，要給家人什麼樣的生活，房子、車子等等。所以中間遇到任何的挫折，我們也都知道這只是經營上的過程，它只是一個過程，不是結果。

挫折就是最好的老師，因為他將會教你更正確的觀念及作法，也只是考驗著有沒有下定決心和持續堅持，也考驗著會不會繼續相信！

目前擔任超越巔峯的職掌：商學院雲端行銷及策略總監。我們擅長的領域為網路行銷，以及協助商學院規劃未來的藍圖，還有行銷相關的策略。並在團隊裡學習到：

1. 想要成功，要先會「敢」，勇於跨出舒適圈，不斷挑戰極限，就會擁有別人沒有的成就。
2. 要懂得創造自己的價值，不鎖住框架，不被限制思維。
3. 如何設立目標，找到自己的企圖心和動力，能夠撼動自己，才能撼動別人。
4. 接觸到不同領域的老師，學習國際級的課程，提升國際觀和高度。

目標：希望在二〇一八年，和團隊一起在上海舉辦十萬人大型演講。

夢想：是和團隊夥伴一起打造商學院，成為更好的學習平台，幫助更多想要學習知識及打造個人品牌的朋友！

期許超越巔峯成為國際知名的品牌！

最後要感謝的，是林裕峯老師以及網路行銷大師Terry老師傅靖晏，在我們最困苦時候感謝他們及時拉我們一把，我們在他們身上除了學到宣傳技術、心態觀念，更重要的是看到希望，了解自己的能力並相信自己能夠辦得到！

從小就在父母細心呵護下成長的家宇，謹記雙親的叮嚀：好好讀書，長大找個好工作，安穩做到退休。他乖乖依照爸媽寫下的完美劇本，一步步執行，但出社會後才知道是一場騙局，工作難找就算了，還遭遇到裁員減薪。家宇以明星大學的光環，抱持著進入百大企業工作的夢想，但丟了近百封履歷表，換來的只是手指頭能數出來的幾家公司無情的回覆。

生活還是要過下去啊！最後家宇退一步選擇別人不願意嘗試的工作，當起送貨員，不管風吹日曬、狂風暴雨，都堅持完成當天公司賦予的任務。他每天辛苦地工作，勉勵自己一定要堅持下去，吃苦當吃補，等待熬出頭的機會。

就這樣持續重複了幾年，他卻開始厭倦這種過一天算一天、宛如行屍走肉的日子。每個月的收支相抵後，連一千元都存不到。他一直問自己：22K的生活我還要過多久？這樣的生活是我想要的嗎？我受夠了這樣的生活！他不知道還有什麼工作可以做，不知道下一步該怎麼走？然而，他知道，自己想要改變。

於是家宇白天一樣努力工作，但晚上想方設法學習、充實自己，投入滿腔熱血地拼命研究，決心要找出一條生路！二〇一一年八月三十日，這是他永遠忘不了的一天，因為這天他透過FB認識裕峯老師，這是改變他一生的關鍵時刻！經過一個下午的深聊，家宇決定加入超越巔峯團隊，以全新的方式展開奮鬥。接著，也慢慢認識整個團隊，成為團隊的得力幫手，也成為團隊中的王牌音控。

家宇和團隊的年輕成員，將聚會玩樂擺一邊，學習成長擺第一，天天過著開會，拓展人脈、奮鬥、追求夢想的日子。家宇在心中拼命吶喊：「我一定要證明自己做得到，我要證明我不是爛草莓！」從在路邊發傳單開始，到邀約朋友、舉辦演講，過程中遇到被拒絕、冷落的狀況不計其數，加上親友的質疑，更是異常艱辛。但憑著對夢想的堅持，終於撐過了最辛苦的第一個半年。

透過團隊課程如「扭轉人生魔法師」、「超級說服力」、「公眾演說」等課程，家宇的思維大幅改變。原本沒有夢想、缺乏目標的他，現在強烈渴望盡快讓老爸退休，每年招待父母出國圓夢。

家宇表示：「感謝自己一直以來的堅持，感謝一路上支持我的人，感謝吐槽不看好我的人，感謝父母當初給我的考驗，考驗我的抗壓性，謝謝你們讓我有機會證明我的選擇是對的。感謝團隊的培育，讓我成為團隊的王牌音控。感謝自己的努力，登上第二本書，寫下自己的精彩故事。更要感謝老天爺一切的安排。我締造了奇蹟，相信你也可以的！」

西毒：柯承宏

超越巔峯商學院圓夢顧問

追逐夢想不斷努力

家住高雄，在家中為老么的承宏，家中還有三個姊姊跟一個哥哥，小時候因家中因素，年幼時都是給奶奶帶大，因為小時候都是給奶奶帶大，對自己有時不是很有自信的承宏，小時候就一直對自己的未來很茫然，也缺乏了一份愛。

在高中時因奶奶生重病，一起搬去與爸爸同住，之後所有事情都由爸爸安排，在高中的科系，承宏本身就喜歡數學，由於爸爸的分析，加上自己還不知道想要的是什麼，所以聽取了爸爸的意見念了電子科，大學也是，因為承宏其實就不喜歡念電子科，所以自然對大學沒有特別的想法，因為哥哥從國中就是念軍校，經濟都不用家人擔心，所以承宏的爸爸也建議他去念軍校，至少鐵飯碗，以後不知道要幹嘛，也不至於無法生活，所以承宏就放棄了就讀一般大學，進入了軍中生活。

一開始在軍校，還是以學生的身分，所以承宏並沒有太大的反抗，直到下了部隊真的開始工作，才發現很多時候很努力，也不一定被器重，加上自己的努力好像並沒有帶來太大的效益，於是開始承宏利用放假時間去了解每個職業的特性，也開始向姊姊打聽工作的事情，姊姊給了承宏一個關鍵的意見，因為承宏本身希望可以跟人有互動的工作，也希望自己的努力可以跟收入成正比，所以他便毅然決然地辭去了軍中的職位，出社會從事了姊姊給的意見做業務員，雖然家人的反彈很大，因為要放棄原本人人稱羨的鐵飯碗其實要很大的勇氣，因為要轉換到一個完全不熟悉的職場上，不過承宏也很努力沒讓家人失望，有了不錯的成績。

雖然承宏也有了不錯的成績，也得到了人人都嚮往的收入，不過承宏還是不滿意，因為總覺得怎麼自己越做越累，偶然之下搬去台北，認識了一位朋友跟他介紹超越巔峯，業務員是需要團隊、系統、教育的，間接認識了裕峯老師，跟裕峯老師聊完天以後發現，自己可以透過團隊創造更高的巔峰，不用自己單打獨鬥，就算沒能力也能靠這些來築夢！

於是承宏以身作則，希望藉由團隊、系統、教育，幫助身邊所有朋友都能完成自己的夢，提升自己，使自己變成有能力的人來幫助朋友，讓朋友相信自己也能透過團隊、系統、教育，勇於探索自我、表現自我、追求自我的夢，人不能沒有夢，有夢才會有動力繼續提升自己。

南帝：楊俊岳

超越巔峯商學院儲備講師

主宰戰場的業務大帝

回想之前發生全球震驚的八仙塵報事件，看著新聞的報導，除了在心中默默替他們禱告之外，心中不免有許多感慨，人的生命是如此地脆弱！命運是如此地不可測！

就八仙塵爆來說，誰能知道應是放鬆歡樂的時刻，卻發生如此遺憾的重大事件，造成三百個家庭欲哭無淚的心碎。

然而生命的脆弱我也感同身受。

我在一個充滿愛的家庭長大，但父親在我國小五年級那一年聖誕節前夕，一個下著滂沱大雨的午後，意外墜樓，原本握著我的那雙溫暖的手，剎那間成了無溫度的照片，此後，母親辛苦拉拔我和弟弟長大，雖然她在我們面前總是一副堅強，但我知道她只是想讓我和弟弟安心而故作勇敢。

而在大學後我進入軍中服務，一方面是薪水高又穩定，一方面是可以訓練自己的領導才能，原本我只想在軍中努力，看是否有機會拿個終身俸退休，然後安安穩穩地過一生。

然而在工作的環境中，因為相對封閉，使得我常常在思考，我要的人生到底要的是什麼？我的價值是什麼？難道人生只求個安穩就可以了嗎？夢想就要因為不敢嘗試而放棄嗎？

人的一生只有一次，我不希望老的時候回想從前，充滿的不是「回憶」而是「後悔」，最重要的是裕峯老師說的一句話讓我徹底的思考人生。

裕峯老師說：「不要讓愛你的人等太久！」因為你永遠不會知道明天會發生什麼事，為了最愛的家人，更要邁開自己的腳步，加速向前。

因此，為了尋求不一樣的人生，開始尋找很多的資訊，猶如在迷茫的時代，尋找希望的光，很幸運的，我在茫茫書海中遇見了《富爸爸，有錢有理》這一本改變我價值觀的一本書，它替我撥開了迷霧，讓我看到另一個世界，為自由的人生帶來了曙光。

其中提到「被動式的收入」、「企業的系統性」的概念都是我以前沒有的，最重要的是在書中提到企業的一切價值是建立在「解決問題」上，解決越多人的問題，那你應得的報酬就越多。

看完了之後我明白了，我現在只是在解決別人的問題，換取自己的安穩，這讓我知道必須要有改變了。

不過食譜很好，菜還是得自己炒，現實的情況依舊是苦無辦法，不知有什麼辦法可以達成所謂的被動性收入，於是開啟了第二次尋找機會的旅程，有一次在網路上得知在台北有一場「企業家的思維」講座，我就和我朋友很興奮的坐了火車到台北，參加了一整天的講座。

整天上課下來，學習到相當多新的財富的觀念，而在這當中來說，感覺最神奇是吸引力法則帶來的幸運，它讓我遇見了超級業務大師——林裕峯老師，回想起來這是讓我覺得最幸運的地方。

在講座中，裕峯老師跟我分享了他跟我相似的家庭背景和他為了成功而拼命地去向世界級大師學習、不斷地在第一線精進業務專業及未來想達成的理想。聽完之後我深深地被裕峯老師對生命的熱情所感染，而這當中裕峯老師也介紹我一場演講。

這演講中，我認識到「團購」的巨大商機，同時也對「超越巔峯」的團隊的理念深深著迷。跟著團隊協辦多次世界級的活動，深深知道裕峯老師的執行力和對於夢想的執著，對於未來也有明確且令人興奮的藍圖。

在跟著團隊運作的期間，我挑戰了很多我以前不敢面對的挫折和困難，但這也讓我開始敢於走出自我，面向群眾，對未來更有想法和信心。

這讓我體悟到，當我們面對人生的戰場，唯有在奮力戰鬥過後，於血泊之中咬牙撐起，然後再給自己恐懼的心添上一點點的勇氣，帶著一顆感恩的心再次挑戰自己，當戰鬥的傷疤慢慢癒合，人們在你的眼中看見將會是「自信」！

人的成功在於「選擇戰場，而且要主宰戰場」，而我們的內心就是一個要花一輩子去征服的戰場，而現在有了「超越巔峯」這個超級團隊，我更有信心去征服我的戰場，邁向巔峰！

未來的我要站上世界的舞台，帶領我的夥伴，走向世界各地，帶給更多的人機會和幸福，之後更要發展智慧家庭和新能源的企業，要以商業化的方式解決地球暖化的問題。

站在二〇三五的未來看現在，我相信一定是一個精彩的人生。

你有夢嗎？讓超越巔峯給你實現夢想的信心吧？

夢想	經歷
① 建立新能源的全新商業模式，降低地球暖化 ② 發展智慧家庭，讓生活更有智慧 ③ 建立先進律法研究非營利機構，讓法律立法智慧化	職業軍人

北丐：張炎和

超越巔峯商學院黃金人脈顧問

成功幫幫主張炎和

家住基隆，排行老么的炎和，父母皆是學歷不高的農家子弟，僅能靠勞力辛苦的撫養六個子女，他從小就夢想著以後長大能夠有高收入，讓父母可以過好的生活。

機械系畢業的他，退伍後隨即進入了人人稱羨的科技業擔任工程師，在科技業工作，上班一定要準時，幾乎每天都要加班，從不知道到底幾點才能下班？且工作性質需日夜輪班，對身體健康方面是一大挑戰，這樣的工作雖然很累，但因公司福利很好，且有分紅配股，年薪比其他行業都還要來得高，所以他甘之如飴。

之後因政府實施「股票分紅費用化」政策，從此公司不再發放股票紅利，年薪瞬間大幅減少，當下他意識到，如果沒有分紅配股，那又何必待在科技業呢？於是開始思考人生的新方向，有超強企圖心的他，在朋友引薦之下轉戰了業務工作想挑戰高收入，但因本身無業務經驗且不善於溝通、表達，最後挑戰業務工作失敗，只好又回到科技業工作，但他仍然不斷的在替自己尋找一個翻身的機會，因此到處接觸不同類型的講座。之後透過朋友的邀約參加了一個企業家分享座談會，學到了如果想要成功，就要跟著成功者的腳步學習，也因此接觸到了超越巔峯，發現團隊有很多值得他學習的地方，他發現翻轉人生的機會來了，所以把握住機會立即加入超越巔峯跟著團隊一起學習、運作。

透過團隊不斷地學習及磨練，漸漸學會了溝通與表達，也規劃著要打造一個國際級的黃金人脈交流平台，讓各行各業的人能夠透過這個平台進行人脈及業務交流，他對於未來有無限的希望，因為他深信「現在做了改變，未來自己的人生一定會跟過去不一樣」。

夢想	經歷
① 財富自由，環遊世界	科技業工程師
② 購置億萬豪宅	業務行銷
③ 幫助別人實現夢想	
④ 可以不做自己不想做的事	

中神通：蔣文欣

超越巔峯商學院品牌總監

每當上班族聽到我的職業「SOHO族、美術顧問」，第一個反應往往

是「好好噢，可以睡到自然醒！」或是「自己接案啊，那你一定很有創意～」其實，在這個工作上，你最需要的不是天才般的創意，而是「自制力和傾聽與解決問題的能力」。

我在這裡做的，不是在咖啡館裡想靈感，不是在誠品書香裡優雅思考，而是客戶只給一句標語，我就要把它變成一整個美麗豐富的網頁；是接手一個時間緊急的專案，只用一個晚上就要設計出有意境、有內涵、又要簡潔、有設計感的主視覺意象；是要在時限內完成一本又一本在前置作業就已經拖延太久的書，並且在客戶慌了，不知該從何下手工作時，要比他們冷靜去規劃出一個可行的辦法；必要的時候，還要做流程教學圖讓客戶知道自己該做什麼；或是要根據眼前的專案，打造出最符合市場，創造與讀者、消費者之間的情感連結，甚至是大眾市場的認同，為客戶的作品爭取最大的福利；有時，是挽救一本本已經可能沒救了的書，不管是內容乏善可陳、照片太過恐怖無法見人、內容太多塞不下，或僅僅只是編輯或上一位美編靈感枯竭而做出不吸引人的書，我都要想辦法把它們救回來。

還有最具挑戰也十足有成就感的是，有時要在短時間內，針對完全陌生的領域吸收大量知識，並重新整合成模擬設計的企劃，然後陪同客戶一起去做簡報，或是協同去說服專家學者、政府官員，甚至是國外設計師。

很多時候，這個工作不需要做到這種地步，客戶沒有要求或是標準定得也不高，但是一想到那些被創造出來的文化結晶可以是那麼好，我就不想讓它們因為任何原因而被埋沒，也不想辜負自己對於各個產業行業的敬意。因為這個信念，我終於不斷突破自己的能力極限，做了很多得意的、對得起良心的、團隊合作無間的作品。

最初因為對設計非常苦惱又不拿手，所以從事純藝術工作，後來買了當時仍堪稱天價的專業蘋果電腦，下班後自己練習，經過幾個月研究與多方面試，我妥協還是選擇了平面設計與出版業。我先到附有設計部門的印刷製版公司學習使用設計軟體與基礎常識，仍利用下班時間開始接搞，還在出版社邀請下，出了兩本書，完成短期夢想。我以為我準備好了，就離職靠SOHO維生，那時太天真，生活缺乏自我紀律，第一段SOHO生涯很快就失敗。

我意識到自己雖有技術，卻在「美感」與「建立消費者情緒認同」這兩方面嚴重不足，就到了臺灣最大的本土時尚雜誌裡面工作，像海綿一樣吸收學習，生活與內心衝擊像極了電影「穿著Prada的惡魔」。下班後仍沒放棄SOHO生活，直到我覺得又準備好了，再度離職。結果就在要跟客戶簽長約之前，客戶公司的執行長及整個團隊都被拔除了，合約泡湯，我的第二段SOHO生涯變成要自己跑業務、做拜訪、陪客戶吃飯談心，回家還要徹夜做稿，平常還要上課加強能力，搞得生活焦頭爛額，這一段只維持了兩年半。

第三段SOHO生涯開始於我在台中的生活，厭倦了反反覆覆在上班族與SOHO族之間擺盪，這一次我逼自己一定要成功留在SOHO族這個崗位上。我比以往更拚命，每天只睡三小時，努力了一陣子，加上遇到賞識的貴人，合作很愉快。時間過得很快，一下子就超過三年。我不敢多想，一步一步走，竟然走到今天也九年了！

很多時候，當你夢想做一件事情的時候，一見得會成功，總是要反覆失敗好幾次，過著不安穩的生活。你必須認真想想，為什麼你喜歡這個夢想，當你在做這件事情時，它帶給你什麼感覺。有時你愛上的，不是夢想本身，而是它的附加價值；而有時，你愛上它，是因為這個夢想能夠代表你，能夠讓你覺得，你在表達了屬於你對生存的敬意。然後，你要開始為這個夢想，做出每一個抉擇，並為你的決定負責任。

現在當我回首這些過程，因為努力成為SOHO而能夠認識到的令人尊敬的藝術家們、能夠經歷到的挑戰，讓我有很多故事可以說，有足夠的能力去引導別人，將知識與經驗傳承下去。一想到這裡，我就很感謝當初自己能夠專注於信念，讓我學會一份「走下去、不放棄的堅持」。

桃谷醫仙：邱士軒

越巔峯商學院公關長

士軒從小家境富裕，家族世代從事建築營造，在地方也小有名望！因為我是長孫，爺爺奶奶對我特別愛護，在成長路上父母也不會特別限制，只要我想嘗試，他們都會支持。本身對建築沒有特別興趣，更沒有想要繼承家業，所以選擇走向科技，當時人人口中的明星產業！

但人生總是不會永遠順遂，高中畢業那年，父親投資工程失敗，加上種種因素！父親經營的公司一夕倒閉，家中所有財產被銀行沒收，對當時只有十八歲的我簡直是晴天霹靂，一時之間失去人生方向，明天是生是死都成未知數；所幸父母平時對人不錯，許多親戚朋友幫忙，不至於流落街頭，但也是如履薄冰，為了不造成父母負擔，我放棄統測高分，進私立前三名科大的機會，選擇讀企業管理的進修部，學費便宜，有更多時間可以打工賺錢，勉強度日！

就這樣過了艱苦的兩年，卻開始厭倦這種朝不保夕的日子。每個月的薪水頂多一萬六，每個月零零總總的開銷，存款連一萬都沒有，這樣的生活還要過多久？曾想過要當業務，有機會高收入，但是我在學，對業務行業沒有經驗，也沒有人脈，更無法負擔沒有收入的風險，便打消這個念頭！

人生就是這麼奇妙！當年還在國內知名連鎖餐飲集團當工讀生的時候，在偶然的情況下，遇到我人生當中的恩師裕峯老師 。那時候裕峯老師在電信公司擔任業務主管，正在拓展基隆市場跟客戶聊天，那天晚上因為要準備打烊，我正在整理垃圾，裕峯老師要準備離開順手丟垃圾時跟我聊了一下，我當時有「我將來就是要像眼前這個人一樣厲害」的感覺，過大約半個月後，我開始跟隨裕峯老師學習，我永遠記得那天是二〇一〇年的四月一日！

白天一樣在原職場工作，晚上或假日都跟著裕峯老師學習、充實自己，決心要找出一條生路！裕峯老師常常跟我聊到他的願景跟夢想，像是成立教育訓練公司，出書，接受知名雜誌專訪，上千人萬人舞台演講……等！對當時的我來說簡直是天方夜譚，曾經懷疑我自己能否實現這些目標。

跟隨著裕峯老師學習這些年，一路上雖然遇過許多挑戰，父母的擔憂，朋友的嘲笑，陌生人的謾罵跟質疑；但我一直的堅持夢想，感謝一路上支持我的人，更感謝不看好我的人，感謝父母對我的信任跟期望，謝謝你們讓我有機會證明我的選擇是對的。感謝團隊的培育，讓我成為團隊的主持人跟導演。感謝自己的努力，登上第二本書，寫下自己的精彩故事。更要感謝老天爺一切的安排。

我可以，你也可以！

國家圖書館出版品預行編目資料

銷傲江湖：神級業務導師教你打通任督二脈的成交勝經／林裕峯 著. -- 初版. -- 新北市：創見文化出版, 采舍國際有限公司發行, 2016.5　面；公分
ISBN 978-986-271-681-6（平裝）

1.銷售　2.職場成功法

496.5　　105003064

成功良品 89

銷傲江湖：神級業務導師教你打通任督二脈的成交勝經

出版者／創見文化
作者／林裕峯
總編輯／歐綾纖
主編／馬加玲　　美術設計／吳佩真

本書採減碳印製流程並使用優質中性紙（Acid & Alkali Free）最符環保需求。

郵撥帳號／50017206 采舍國際有限公司（郵撥購買，請另付一成郵資）
台灣出版中心／新北市中和區中山路2段366巷10號10樓
電話／（02）2248-7896　　傳真／（02）2248-7758
ISBN／978-986-271-681-6
出版日期／2016年6月再版6刷

全球華文市場總代理／采舍國際有限公司
地址／新北市中和區中山路2段366巷10號3樓
電話／（02）8245-8786　　傳真／（02）8245-8718

全系列書系特約展示門市
新絲路網路書店
地址／新北市中和區中山路2段366巷10號10樓
電話／（02）8245-9896
網址／www.silkbook.com

創見文化 facebook https://www.facebook.com/successbooks

本書於兩岸之行銷（營銷）活動悉由采舍國際公司圖書行銷部規畫執行。

能讓你飛翔的，就是你自己

「人必須永遠不間斷的學習」　超越巔峯商學院執行長——林裕峯

超越巔峯商學院簡介

裕峯老師的理念，是相信每個人都能透過一套訓練，打造一個嶄新、潛力無窮的自己。想要在這微薪時代擺脫貧性循環，一定要具備強大的競爭力，無法單靠一人的力量；但只要集結團隊之力，便可以發揮相乘效果，因此裕峯老師抱持著「團隊合作、創造財富」的宗旨，並創建企管顧問公司，希望透過教育訓練幫助更多人走向成功之路！

裕峯老師從甲級貧戶翻身成月收百萬的創業家，就是透過大量的學習，也因此，才會想要發展讓有心學習的朋友，一個學習平台，而這就是商學院的前身——超越巔峯教育培訓團隊。

從最初只有裕峯老師一人講課，發現領域嚴重不足，為了讓學員有更多的學習資訊，裕峯老師向多位不同領域的老師合作，有財商老師、心靈老師、網路行銷老師……等等，而有些學員會針對自己的興趣，進而發展個人領域的成就，也讓裕峯老師注意到品牌的重要性，再度發揮他擅長的整合能力，包括平面媒體、數位媒體、出版社、品牌形象……等等，幫助學員發展出個人品牌，於是誕生了今日的**超越巔峯商學院**，跨足三大主軸：**學習平台**、**個人品牌**、**公益活動**，讓學員有最棒的發展空間，享受最佳的培訓，並逐漸發展成為世界一流的品牌。

目前已經與馬來西亞、中國多位培訓講師同台，即將成立海外分公司，讓更多有心想學習的人、想打造個人品牌的朋友，藉由超越巔峯商學院的平台，打造屬於自己的夢想～！

突破艱難框架，開創格局，讓自己飛起來吧！

公司名稱取自電影《超越巔峰》（Soaring to Nu Heights），描述的是一隻老鷹從雞籠中掙脫，重遊天際的故事。老先生帶著鷹登上高聳山峰，山風呼嘯吹過，老人對鷹說：「你是鷹，不是雞！」「飛吧！飛吧！看看遨翔在天際的那些同伴！」老鷹終於展翅衝向天際。孫女不可置信地問：「爺爺，你是怎麼使鷹飛起來的？」老先生只回答：「不是我使牠飛起來的，讓牠飛起來的，是牠自己！」其實，我們每個人都是老鷹，注定要高飛，展翅於屬於自己的天空。

力克．胡哲萬人演講

來自澳洲的頂尖演說家——力克．胡哲，以自身生命經驗來鼓勵大家「我能，你也能」。本學院榮幸成為這場『奇蹟再現』萬人演講的最大協辦單位，力克．胡哲也與裕峯老師留下了一張愉快的合影。

今周刊講座

2016 年受邀成為「提問技巧 X 表達藝術」的講師與主辦單位。

今周刊

提問技巧 X 表達藝術
一開口就讓你擄獲人心

105年1月9日 下午1:30-5:00

課程方案

(方案) 早鳥優惠$1,280元

名額有限，請速填末頁雜誌訂購單或

上網報名 http://event.businesstoday.com.tw/sp1/ 客服專線：(02) 2581-6196 請按1

金鐘五十

榮獲數位電台連續三屆金鐘名主持人的邀請，出席金鐘五十的頒獎典禮。

警廣與正聲廣播電台

受邀於電台專訪，打造專屬自媒體。

健言社

受邀講授說話技巧課程，廣受好評，受邀場次連連，場場爆滿。

華人世界

八大明師

榮獲「北京講師認證」，實力獲得兩岸肯定。

好禮贈送

恭喜你讀完整本書，已經成為業務界的武林盟主，相信對你的內外功都有大大的提升。為了感謝你對這本書的支持，我們決定贈送二樣超值好禮喔！

好禮一 電子書共五本

【超級業務員之 10 大快速成交密技】

第(一.)篇

- 10 到 10 成交法

沉默成交法

超越巔峯教育培訓團隊 - 執行長 林裕峯老師

超級業務員之 10 大快速成交祕技

祕技一：-10 到 10 成交法	祕技六：3F 成交法
祕技二：沉默成交法	祕技七：FABE 成交法
祕技三：物超所值成交法	祕技八：時間線成交法
祕技四：少喝一杯咖啡成交法	祕技九：無人可拒絕成交法
祕技五：長方形成交法	祕技十：回馬槍成交法

獲得方式：

只要掃以下 QR CODE，加入「超越巔峯商學院」LINE@，即可獲得喔！

好禮二
喚醒心中巨人 實體課程影片檔一份

獲得方式：

Step 1

與本書合照

Step 2

在 FB 分享照片，同時分享心得並標注「林裕峯」

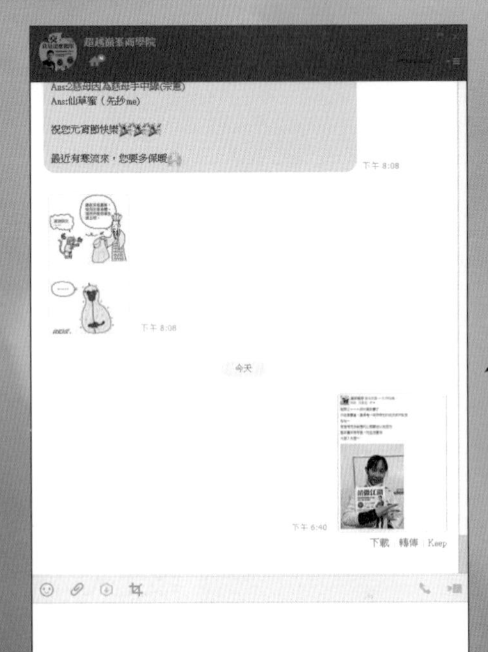

Step 3

將 FB 照片心得截圖至「超越巔峯商學院」LINE@ 就完成囉！

特別提醒您

持有本書票券者，可免費入場。
本票券限一人使用，遺失恕不補發，影印無效。

時間／地點：
請洽 **超越巔峯** LINE@ 網址：http://j.mp/overthetop2016
或洽 郭小姐 0985-303-194

有關本票券權益，
「超越顛峯」保有
最終解釋權

使用說明

持有本書票券者，可免費入場。
本票券限一人使用，遺失恕不補發，影印無效。

時間／地點：
請洽 **超越巔峯** LINE@ 網址：http://j.mp/overthetop2016
或洽 郭小姐 0985-303-194

有關本票券權益，
「超越顛峯」保有
最終解釋權

使用說明

持有本書票券者，可免費入場。
本票券限一人使用，遺失恕不補發，影印無效。

時間／地點：
請洽 **超越巔峯** LINE@ 網址：http://j.mp/overthetop2016
或洽 郭小姐 0985-303-194

有關本票券權益，
「超越顛峯」保有
最終解釋權